深海底采矿机器车
运动建模及控制研究

SHENHAIDI CAIKUANG JIQICHE
YUNDONG JIANMO JI KONGZHI YANJIU

陈 峰 何 坚◎著

暨南大学出版社
JINAN UNIVERSITY PRESS

中国·广州

图书在版编目（CIP）数据

深海底采矿机器车运动建模及控制研究/陈峰，何坚著．—广州：暨南大学出版社，2018.8
ISBN 978 - 7 - 5668 - 2434 - 9

Ⅰ.①深…　Ⅱ.①陈…②何…　Ⅲ.①深海采矿—矿车—控制系统—研究
Ⅳ.①TD524

中国版本图书馆 CIP 数据核字（2018）第 159381 号

深海底采矿机器车运动建模及控制研究
SHENHAIDI CAIKUANG JIQICHE YUNDONG JIANMO JI KONGZHI YANJIU
著　者：陈　峰　何　坚

出　版　人：徐义雄
责任编辑：古碧卡　姚晓莉
责任校对：林　琼
责任印制：汤慧君　周一丹

出版发行：暨南大学出版社（510630）
电　　话：总编室（8620）85221601
　　　　　营销部（8620）85225284　85228291　85228292（邮购）
传　　真：（8620）85221583（办公室）　　85223774（营销部）
网　　址：http：//www.jnupress.com
排　　版：广州市天河星辰文化发展部照排中心
印　　刷：广州市穗彩印务有限公司
开　　本：787mm×1092mm　1/16
印　　张：7.75
字　　数：143 千
版　　次：2018 年 8 月第 1 版
印　　次：2018 年 8 月第 1 次
定　　价：28.00 元

（暨大版图书如有印装质量问题，请与出版社总编室联系调换）

前　言

深海底蕴藏着丰富的矿产资源，对其开发手段进行研究，对我国矿产资源的可持续利用，以及深海作业技术的发展，具有重要的战略意义。深海底采矿机器车行走于 6 000 米深海底极稀软沉积物底质，作业环境为无自然光、海底高压的未知复杂环境，其控制质量的好坏直接关系到我国大洋开发战略的实施质量。为此，在国家大洋专项基金——国际海底区域研究开发"十五"项目（DY105 - 03 - 02 - 06）的资助下，本书重点研究了深海底采矿机器车的建模与控制技术。

本书内容主要包括深海采矿及采矿机器车的发展现状，采矿机器车行走特性、运动建模、参数估计、运动控制、实物仿真等。针对深海底采矿机器车高尖三角齿、大沉陷、高打滑率、稀软海底低速作业的特点，开展了有针对性的运动建模和控制策略探讨。

全书共七章，第一章为概述，描述了深海采矿的历史背景及技术现状。第二章介绍了我国矿区的水文和土力学特性，以及用于车辆动力学建模的地面力学技术。第三章在分别建立采矿机器车履带牵引力、运动阻力、运动学、动力学、液压驱动系统模型的基础上，采用 MATLAB 仿真工具，建立了深海底采矿机器车整体运动模型，并进行了仿真研究。基于第三章的运动模型，第四章采用卡尔曼滤波技术，研究了履带打滑率等机器车关键运动参数的在线估计技术。第五章介绍了深海底采矿机器车运动控制系统。该系统由运动规划单元、运动参数估计、轨迹误差计算、轨迹跟踪控制等模块构成，并给出了一些仿真实验结果。第六章介绍了深海底采矿模型机器车实物仿真系统的开发过程和部分试验研究内容。第七章对前述内容进行了整理总结并提出了有待进一步研究的问题。

因笔者水平有限，书中难免有错漏之处，恳请读者批评指正。

陈　峰

2018 年 5 月

— 1 —

目　录

1 绪 论

1.1 深海采矿的历史意义

在人类赖以生存的地球上，海洋占整个地球表面积的70%。深海蕴藏着数量丰富、种类繁多的矿产资源。据初步估算，海底蕴藏有占地球总储量30%～50%的2 000亿吨石油，含锰、铜、钴、镍、金、银等多种矿物的15 000亿吨多金属结核，为大陆储藏量几十倍的八十多种化学元素，以及正在调查的丰富的富钴结壳和富硫热液硫化物等资源。所谓多金属结核就是大量地赋存于水深4 000～6 000米深海底表面的直径为0.5～25厘米的黑色矿物块，其中含有锰、铜、钴、镍、金、银等有价金属。已知的赋存海域有太平洋的夏威夷群岛到北美大陆之间的深海底以及印度洋等。富钴结壳是在水深800～2 400米的海山斜坡或顶部的基岩上，呈层状分布的矿床，厚度为几毫米到十几厘米，其中也有与多金属结核共生的，矿物组成与多金属结核一样。人们对其中含有的镍、钴和锰等寄予厚望，特别是钴的品位也有高达1%左右的，是人类最渴望的资源。与锰结核相比，富钴结壳是赋存区域距海面较近的有利资源，但存在采掘困难的问题。海底热液矿床是海水通过海底地壳的裂缝浸入海底岩石，并淋滤其中的金属元素，再次从海底喷出、冷却、沉积而生成的金属矿物。一般赋存于水深2 000～3 000米的海底，含有铜、铅、锌、金及银等有价金属。已知赋存的海域有东太平洋海盆和大西洋中央海岭等地。人们对其中含有的铜、铅、锌等资源寄予厚望。

与海洋拥有的丰富的未开采资源相比，陆地资源正面临日益匮乏的危险。众所周知，矿产资源为不可再生资源。然而，随着生产力的不断提高，人类对矿产资源的需求也越来越大。"二战"以后的半个多世纪，世界矿产资源的消费量更是呈数十倍地增长。仅2001年一年，世界铁矿石的开采量即达到11.35亿吨，铝土矿的开采量为1.39亿吨，铜矿石的开采量为1 328.78万吨，锰矿石的开采量为728万吨。据估算，按目前的世界矿产开采水平，陆地上的主要矿产资源只够开采20～40年。我国陆地矿产资源前景尤其不容乐观。虽然我国拥有171种矿产资源，具有资源总量大、矿种齐全的特点，但1949年以来，我国矿产资源的开发规模迅速扩大。1949年，我国保留比较完整的矿山仅 300 多座，年产原油 12 万吨，煤 0.32 亿吨，钢 16 万吨，有色金属 1.30 吨，硫铁矿 1 万吨，磷不足 10 万吨；到 2002 年，我国共有大型矿山 489 座，中型矿山 1 025 座，生产原油 1.67 亿吨，天然气 327 亿立方米，原煤 13.80 亿吨，铁矿石 2.31 亿吨，磷矿石 2 301 万吨，十种有色金属产量 1 012 万吨，其中，原煤、钢、十种有色金属和水泥产量居世界第一位，磷矿石和硫铁矿产量分别居世界第二位和第三位，原油产量居世界第五位。随着经济的快速发展，我国对矿产资源的需求仍将进一步扩大。按照 2020 年矿产品预测需求量，考虑相关的利用率及储采比率，到 2020 年，我国陆地石油、铀、铁、锰、铝土、锡、铅、镍、锑、金 10 种矿产资源将出现短缺现象，包括铬、铜、锌等在内的 9 种重要矿产资源将出现严重短缺现象。随着陆地矿产资源的日益稀缺，对海底矿产资源的开发成为人类矿产资源开发的必由之路。鉴于我国陆地矿产资源在未来 20 年里的不可保障，我国对海底矿产资源开发的研究更具有现实的紧迫性和必要性。

另外，开展深海采矿有其深刻的科学技术意义。深海采矿是一项复杂的技术，它面对的是 6 000 米深海底复杂的环境和条件。6 000 米深的海底，压力高达 60 兆帕，人不可能直接到海底去进行操作。另外，海底环境复杂多变，表现为复杂的地表特征及海底洋流等多种形式的未知扰动。深入海底 6 000 米，是人类面临的一次巨大挑战。对 6 000 米深海的探索，将使人类对地球内部的了解达到一个新的高度。深海采矿系统由深海精确定位子系统，深海地形、地貌测量子系统，深海底自动导航子系统，深海通信及动力传输子系统等组成。只有各个子系统密切配合，才能保障采矿系统的正常运行。由于它的带动，许多科学技术领域将得到飞速的发展，如海洋自动观测技术、海洋遥感技术、水声技术、水下工程探测技术、海洋地质和地球物理勘探技术、超高强度和耐高压材料、深海密水技术、人工智能、机器人技术等。

1.2 深海采矿的国内外研究现状

人类对海洋的开发历史悠久。目前所有商业性开发的海洋固体矿物都位于领海或专属经济区内，但随着经济与技术的发展，人们已将海洋矿产资源的开发推向了深海海底。多金属结核是十九世纪末（1868 年）在西伯利亚岸外的北冰洋喀拉海中发现的。1872—1876 年间，英国的"挑战者"号做环球考察时，发现世界大多数海洋都有多金属结核矿。然而，对其进行系统的勘探研究则是从二十世纪六十年代开始的。第二次世界大战后，随着全球经济的迅速复苏，人类对矿产资源的需求急剧扩大，从而导致矿产品特别是金属矿产品价格的迅速攀升。由于多金属结核富含多种金属化合物且广泛分布于各大洋的海底表层,二十世纪六十年代,以美国为首的多国财团开始进行多金属结核的勘探和开发工作,希望能够从多金属结核中提取多种金属,缓解当时的金属资源紧缺状况。通过广泛的勘探研究,估算出海底多金属结核的总量在 15 000 万亿吨以上。

二十世纪七十年代,以美国为首的西方国家提出了一系列的初步采矿方案,并进行了一些实验研究。

1970 年,美国在佛罗里达州海岸外水深 1 000 米的大西洋布莱克高地进行了第一次结核采矿原型系统实验。"深海探险"公司在 6 750 吨的货轮"深海采矿者"号上安装了一个高 25 米的吊杆和一个 6 米乘 9 米的月池(采矿装置由此下放),采用气力提举方式对模拟结核进行提升。实验取得了成功。

1972 年,由 30 家公司组成的集团实验了由日本海运官员 Yoshio Masuda 发明的系统——连续链斗系统,该系统系在一条八千米长的回转链上,每隔一定距离挂一个戽斗。戽斗从捕鲸船"白岭丸"的船首投放,在船尾回收。该次实验采集到了一些结核,不过链索缠在一起,实验遂告终止。

1976 年,海洋采矿协会(OMA)在 20 000 吨运矿船"Wesser Ore"号上装备了月池、吊杆和旋转式推进器。1977 年,在加利福尼亚州海岸外 1 900 千米处进行了第一次实验。采矿车采用水力集矿和拖曳式行走方式,以气力提举方式提升。由于管柱的电接头漏水,实验暂停。1978 年初,另外两轮实验再度受挫,首先是挖采装置陷入泥中,后又遇上台风。最后,1978 年 10 月,在 18 小时内提升了 550 吨结核,最大能力为每小时 50 吨。由于吸入泵一个叶片折断,电动机停转,实验终止。

1978 年,由美国三大财团组成的海洋管理公司(OMI)在太平洋进行了实验。使用的采矿车为水力集矿和拖曳式行走机构(日本研制)以及机械式集矿头和拖曳式行走机构(德国研制,下放时掉入海底)。实验了两种升举系统:用装在提升管内水深 1 000 米处的离心轴流泵吸送;在水深 1 500 米和 2 500 米之间注入压缩空气进行提升(气力提升)。三次实验共采集到约 600 吨结核。

1978 年,海洋矿产公司(OMCO)向美国海军租用了"Glomar Explorer"号作为采矿船,并建造完成了采用阿基米德螺旋行走机构和机械式集矿头的采矿车。该公司先在加利福尼亚州海岸外水深 1 800 米处做了几次初步试验后,于 1978 年底在夏威夷以南进行第一批试验,但因月池门打不开而告暂停。1979 年 2 月,该项作业得以顺利进行,采集结核 1 000 余吨。

经过二十世纪七十年代的一些实验,初步确定采矿系统可采用挖采和提升的方法。挖采可采用高压水射流的水力集矿方式和机械挖掘的机械集矿方式；提升可采用气力和水力提升。采矿车以采用自行走方式为佳，并可采用特殊履带驱动和阿基米德螺旋行走机构。

进入二十世纪八十年代以后，由于日本和欧洲经济不振，以及金属生产量过剩，国际金属价格下跌，世界多数海洋强国对多金属结核资源的研究和开发实验活动转入低潮，一些发达国家和国际财团甚至在深海采矿和冶炼技术方面已取得了重要进展之后中断投资。与此同时，由于所发现的多金属结核矿藏多位于公海海底，其归属问题在国际上引起了广泛的争论。1982 年 12 月，联合国第三次海洋法会议通过了关于国际深海底矿物资源开发的管理体制："区域" 是指国家管辖范围以外的海床和洋底及其底土；任何国家不应对"区域" 的任何部分或其资源主张或行使主权或主权权利，任何国家或自然人或法人，也不应将 "区域" 或其资源的任何部分据为己有；"区域" 内资源的一切权利属于全人类，由国际海底管理局代表全人类行使；任何发展中国家缔约国，或该国所担保并受该国或受具有申请资格的另一发展中国家缔约国有效控制的任何自然人或法人，或上述各类的任何组合，可通知管理局愿意就某一保留区域提出工作计划；取得核准只进行勘探工作计划的经营者，就同一区域和资源在各申请者中应有取得开发工作计划的优惠和优先；但如经营者的工作成绩不能令人满意时，这种优惠或优先可予撤销。出于国家战略的考虑，以中国、印度、韩国为代表的许多国家在此之后，积极开展了深海底多金属结核的调查和勘探工作，先后取得了含有丰富结核区域（保留区域）的优先开采权，并在此基础上，积极开展深海底多金属结核开发技术的研究，并制订了本国的开发计划。印度是 1987 年第一批登记注册获得保留区域的 "先驱投资者"。目前，印度已开发出一套采矿装置，并于 2000 年 10 月于 410 米浅海实验成功，并正积极筹划 6 000 米深海采矿的实验。韩国于 2002 年通过联合国国际海底管理局审查，获得保留区域，深海采矿系统尚处于研究之中。

我国早在二十世纪七十年代就开始了多金属结核的调查工作。1978 年，"向阳红 05 号" 海洋调查船在太平洋 4 000 米水深海底首次捞获锰结核。此后，从事大洋锰结核勘探的中国海洋调查船还有 "向阳红 16 号" "向阳红 09 号" "海洋 04 号" "大洋一号" 等。经多年调查勘探，在夏威夷西南，北纬 7 度至 13 度，西经 138 度至 157 度的太平洋中部海区，探明一块可采储量为 20 亿吨的富矿区。1990 年 4 月 9 日，中国大洋矿产资源研究开发协会（China Ocean Mineral Resources R & D Association，简称 "中国大洋协会"）经国务院批准成立，具体管理与海洋采矿有关工作。1991 年 3 月，联合国海底管理局正式批准中国大洋协会的申请，从而使中国得到 15 万平方千米的大洋锰结核矿产资源开发区。同时，依据 1982 年《联合国海洋法公约》，中国继印度、法国、日本、俄罗斯之后，成为第 5 个注册登记的大洋锰结核采矿"先驱投资者"。1999 年 3 月 5 日，在完成开辟区 50% 区域放弃义务后，中国大洋协会为我国在上述区域获得 7.5 万平方千米具有专属勘探权和优先商业开采权的金属结核矿区，增加了我国战略资源的储备总量。在采矿系统的研究方面，经过"八五""九五"两个五年计划的实施，我国已初步研究出一套自己的深海采矿系统，并于 2001 年 6 月至 9 月于云南抚仙湖进行了 130 米水深综合实验，从湖底采集并回收模拟结核 900 千克，试验获得成功。图 1 - 1 为我国中试成功的深海采矿系统示意图。

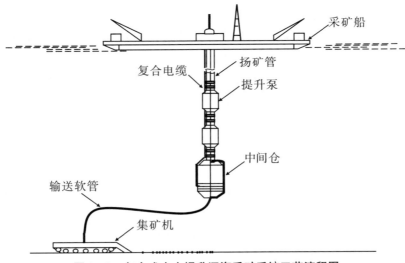

图 1 - 1　复合式水力提升深海采矿系统工艺流程图

1.3　深海底采矿机器车的国内外研究现状

深海底采矿机器车是深海底集矿作业的载体，为深海底采矿系统中技术最复杂、最关键的部分。其技术难点在于如何保证采矿车在 6 000 米深海未知环境中正常可靠地行使，并保证以较高的效率收集多金属结核。

其关键技术为：

采矿车在剪切强度和承压强度极低的稀软海底沉积物上的可行驶性。深海底采矿机器车必须携带采集机构、动力装置、破碎机、软管、电子仓和浮力材料等行走于海底，要求能耐 60 兆帕的高压，按开采路线行走，无故障作业 2 000 小时以上，同时，从保护环境的角度出发，不能对深海底产生过度的破坏。深海底沉积物完全不同于陆地的底质，其剪切强度极低（0.4 ~ 1.6kPa），且具有搅动流体特性（流变限度 150% ~ 230%）。海底沉积物的低承载性和低剪切性，使得普通陆地车辆的行驶机构不能直接使用于采矿车；深海环境的脆弱性、难恢复性以及深海沉积物的搅动流体特性，决定了人类习惯于水中使用的螺旋桨驱动方式同样不适合于深海底采矿机器车。

采矿车的密封和压力补偿技术。在 6 000 米海洋深处，深海设备的液压系统和各类密封装置将受到海水高达 60 兆帕的压力作用，其液压元件、油箱和油管等将严重变形，各类常压密封装置将失效，设备难以正常运行。深海底采矿机器车的密封和压力补偿是采矿车正常、安全工作的重要保证。

深海底未知环境的导航和定位技术。深海底一片漆黑。由于电磁波在水中的衰减很快，GPS 信号不能到达 6 000 米深的海底。现有的深海定位系统多采用基于声学定位的长基线、短基线以及超短基线技术。其中，定位精度最好的长基线定位系统也只能达到米级的定位精度。因此，只能主要依赖惯性导航。另外，采矿车行走和采矿时会掀起大量的海底沉积物，这将使采矿车周围的环境受到严重扰动，使摄像头等传感器的性能受到严重影响。研究以惯性导航为主的深海底自动导航和定位技术也是深海底采矿机器车正常工作需解决的关键问题之一。

采矿车路径规划和轨迹跟踪控制。深海底采矿机器车多为特殊设计机器车，动力学特性和运动学特性没有成熟的经验可供参考。另外，人类对 6 000 米深海底所知甚少，采矿车基本处于未知环境中。这样，深海底采矿机器车的作业环境属于未知环境，特种机器车的路径规划和轨迹跟踪控制，是一个具有一定挑战性的研究课题。

历经四十余年的研究，人类已积累了一些深海底采矿机器车的开发经验。目前，具有代表性的深海采矿车主要有以下几种：

（1）美国海洋矿产公司研制的采矿车。

美国海洋矿产公司研制，于 1978 年在夏威夷以南海域进行了实验，并成功收集结核（图 1 - 2）。

行走机构：液压驱动，阿基米德螺旋行走机构。其工作原理是螺旋叶片陷入海泥中，螺旋体旋转推动海泥，使行走机构获得向前或向后的推力而前进或后退。其优点为结构简单、海底通过性能好，缺点为行走打滑、承载能力低、功耗大、对海底扰动较大。

集矿方式：采用转轮和链带机械集矿（图 1 - 3）。由两根铲斗链把多金属结核铲起，通过输矿皮带传输到贮矿罐。其优点为结构简单、耗能低，缺点为集矿效率不高，转速较高时，结核有随水流漂浮现象；一些用圆柱齿制作的工作表面易被细泥堵塞。

传感装置：一个测障声呐、一个姿态角传感器、一台深海摄像机。

几何参数：长 3.4 米，宽 2.4 米，高 2.1 米。

 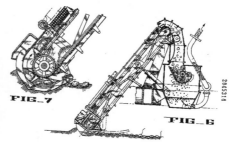

图 1-2　美国海洋矿产公司研制的采矿车　　　图 1-3　机械集矿头示意图

（2）德国锡根大学研制的采矿车。

德国从二十世纪七十年代就开始了深海底采矿机器车的研制。历经几十年的研究，形成了具有德国特色的采矿系统。图 1-4 为德国锡根大学研制的采矿车。该车的改进型于 1999 年 7 月在印度的浅海实验成功。

行走机构：液压驱动，渐开线履齿橡胶履带行走机构。该车的特点是采用了特殊形式的摆动车架，支承轮也能摆动，因此该底盘车能较好地适应海底复杂的地形，具有较好的越障能力。履带结构简单，渐开线履齿对沉积物的作用如同齿轮与齿条啮合，对沉积层扰动较小。

集矿方式：高压水射流集矿（图 1-5）。集矿时，前排射流将结核从沉积层上冲起，后排反向射流挡住冲起的结核往后的去路，并与前排射流产生一向上的合流将结核抬起，并冲向后部的输送机构。实验表明，该集矿头可在 100～200 毫米的集矿高度内工作，高度为 140 毫米时，集矿效率可达 100%。

传感装置：一个测障声呐、一个磁通门罗盘、一台多普勒测速仪、两个测速编码器、一台深海摄像机。

几何参数：长 3.1 米，宽 3 米，高 2 米。

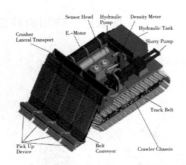

图1-4 德国锡根大学研制的采矿车

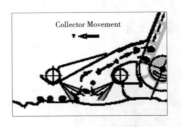

图1-5 水力集矿头示意图

（3）法国梭型潜水遥控车。

1980 年前后，法国 Vertut 等人研制了一种梭形潜水采矿车（图1-6）。这种采矿车靠自身重量下行，一般与竖直方向成一定角度。压仓物贮存在结核仓内，当采矿车快到达海底时，释放一部分压舱物以便采矿车徐徐降落。采矿车采用阿基米德螺旋推进器在海底行走，一边排出压舱物，一边采集等效重量的结核，以保持采矿车在海底的浮力。因采矿车由浮性材料制成，所以在水中的重量接近零。当最后一点压舱物被排出，采矿车在阿基米德推进器的作用下返回到海面（图1-7）。法国所设计的第二代梭形潜水遥控采矿车模型机 PLA-2 型外形尺寸为 5.5m×3.3m×2.6m、重16 吨（包括压舱物）。由于系统投资大，产品价值不高，法国大洋结核研究开发协会（AFER-NOD）已于1983 年停止对其的研究。

（4）日本拖曳式采矿车。

日本在连续链斗系统实验失败后，于二十世纪八十年代初转入拖曳式水力射流采矿车（图1-8）的研究。但经过多年的研究，日本已认识到拖曳式行走方式不能满足生产要求，正准备转向自行走采矿车的研究。

（5）印度深海底采矿车。

印度于二十世纪七十年代即开始了多金属结核采矿的研究，但进展缓慢。通过与德国锡根大学合作，采用锡根大学研制的履带车底盘，并自行研究了独特的集矿头，印度于1999 年7 月进行了200 米浅海实验，并取得了成功。图1-9 为印度的采矿车模型。该车长3.16 米，宽2.95 米，重10 吨，最大速度0.75m/s。在车顶安装有一个可左右摆动的机械臂，机械臂的下方为一个泥浆泵。采矿时，通过机械臂的左右摆动，用泥浆泵抽取海底表面的多金属结核。该车除可采集多金属结核外，也可进行海底采沙。

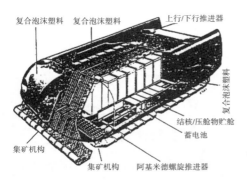

图 1-6 法国梭型潜水遥控车

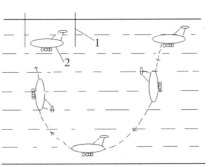

1-海面半潜平台 2-潜水采矿车

图 1-7 梭型潜水遥控车采矿示意图

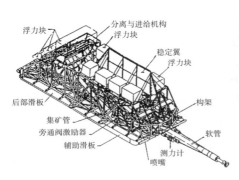

图 1-8 日本拖曳式水力射流采矿车

图 1-9 印度深海底采矿车

我国于二十世纪九十年代初开始对深海底采矿机器车进行研究，在综合研究国外深海底采矿车的基础上，长沙矿山研究院在"八五"期间研制了一台自行式履带车模型机（图 1-10）。该车采用近似渐开线高齿橡胶履带，双浮动悬架和横向摆动梁，双泵全恒功率供油，液压马达分离驱动，电液比例控制，采用水力机械复合集矿方式，外形尺寸为 4.6m×3.0m×2.1m，重 8吨，行驶速度 0~1m/s。"九五"期间，在"八五"研究的基础上，我国研制了第二代深海底采矿机器车（图 1-11）。主要改进表现为采用尖三角齿特种合金履带板，提高了采矿车在深海稀软底环境下的可靠性和可行驶性；改用全水力集矿方式，进一步提高了采矿车的集矿效率；增加了控制密水箱和相关传感器，提高了采矿车的可操作性。"九五"期间研制的第二代采矿车于2001 年在云南抚仙湖进行了实验，达到了牵引特性理想、牵引力大、承载能力强、跨越或绕过海底障碍容易、能适应稀软海底行走的预期目标，从 130米深的湖底采集并回收模拟结核 900 千克，具有国际先进水平。历经十余年的努力，我国深海底自行走采矿车的机械模型研制工作已基本完成，采矿车控制技术研究为"十五"期间重点研究方向之一。

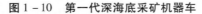
图 1 - 10　第一代深海底采矿机器车　　　图 1 - 11　第二代深海底采矿机器车

1.4　深海底采矿机器车运动建模技术研究

　　深海底采矿机器车的主要任务为从 6 000 米深的稀软底海底环境中自主、准确、高效地采集多金属结核。6 000 米深的海底，存在 60 兆帕的压力，人不可能直接到海底去进行操作。另外，海底环境复杂多变，表现为复杂的未知地表特征及海底洋流等多种形式的未知扰动。为适应深海稀软底特殊情况，采矿车为特殊设计的大功率电机带动的液压驱动低速履带车辆。由于液压系统固有的严重的非线性、海底稀软底环境的特殊性、履带车辆动力学表现的不完整约束，深海底自行走履带式采矿车运动系统建模和控制是一个较为困难的问题。由于深海采矿为国家战略性课题，出于保密需要，国内外该方面的文献并不多见。同时，以优化车体设计为目的，针对普通地面行驶的中高速履带车辆（工程机械、履带装甲车、坦克等）的计算机建模与仿真研究多见报道；以越野环境下的自动导航为目的，针对中高速地面履带车的动力学建模正引起一些学者的研究兴趣；以浅海环境中的水下自动导航为目的，针对浮游式自动导航机器车（Automatic Underwater Vehicle）的动力学建模研究方兴未艾。虽然本书的研究对象为深海底履带机器车，具有低速性、特种履带、深海底行走的特点，与以上研究对象均不相同，但是上述方面的研究内容也可作为本书研究的参考。

　　履带车辆早在 1770 年就已经出现，但是直到十九世纪才引起人们的广泛注意。在第一次世界大战以前，履带车辆发展缓慢。履带车辆的设计和构造主要依赖于汽车工业，履带车辆仅仅是汽车的派生物。在第一次世界大战期间，坦克的出现极大地促进了履带车辆的发展，因此，研究履带车辆的运动规律也就成了必然。

在以优化车体设计为目的的履带车辆动力模型和运动模型发展史上，主要有两个流派，这两个流派的奠基人分别是 Merritt 和 Bekker。

Merritt 假设履带和路面均为刚体，并假设履带接地面所受的摩擦力为库仑摩擦力，在此基础上分析履带车辆的运动特性。Merritt 的理论后来被 Jakobsson 以及 Gerbert、Ollson 所应用。Jakobsson 分析了车体沿曲线运动稳态工作时的运动特性。Getbert 和 Ollson 进一步深入了 Jakobsson 的工作，并分析了车体运动时的动态特性。Thuvesen 的研究中，将履带看作一个可以依附在车辆模型上的基本机械元件，将履带—地面作用力的变化考虑为车体的负载扰动。车体速度在履带的中心点被定义为纵向、横向及竖直方向分速度的合成，并推导出其运动方程式，最后将整个履带车系统应用到 ADSM（Automatic Dynamic Analysis of Mechanical System）软件中进行仿真和分析。

Bekker 主要考虑履带和地面之间的作用力，包括牵引特性和滑移。该理论基于土壤力学，当车辆行驶时，履刺会剪切地面，使地面产生一定的纵向变形，若假设地面是弹性的，该变形就会给车体一个纵向的反作用力，这就是履带车辆前进的主动力。该力不同于地面的摩擦力。摩擦力是由垂直方向上的力（即重力）引起的。Berkker 的理论被 Wong J. Y. 进一步发展，并最先引入计算机做辅助分析。Yamakawa J. 的研究中，在利用土壤力学详细分析了履带和地面的作用力之后，建立了高速履带车的三维空间运动分析模型，并进行了数值仿真和试验验证。

以优化车体设计为目的的履带车辆的建模和仿真研究，国内也多见报道。韩宝坤等应用 DADS（Dynamic Analysis and Design System）多体系统分析与设计软件，建立了履带车辆的多体模型，并给出了越障仿真结果。史力晨等研究了高速履带车辆悬挂系统动力学建模问题，应用 MATLAB 软件给出了高速履带车辆在越障和转向行驶时的计算机仿真结果。王学宁、贺汉根等在详细分析坦克直线行驶和转向行驶力学的基础上，建立了坦克的机动性仿真模型，并进行了动态仿真。

随着机器人技术的迅速发展，因为履带车辆具有优越的越野性能，以越野环境下的自动导航为目的，针对中高速地面履带车的动力学建模逐渐成为机器车控制与导航研究的一个重要课题。Anh Tuan Le 针对一辆工程履带车（挖掘机），建立了履带车的动力学和运动学方程，引进卡尔曼滤波技术对车体和地面参数进行了估计，构建了远程控制系统，并给出了一些实验结果。Gianni Ferretti、Roberto Girelli 等针对一辆农用履带车，建立了一个 3D、八自由度的履带车动力学模型，并采用 MOSES 仿真软件进行了仿真研究。彭晓军、郭齐胜等应用虚拟现实技术，对履带车辆的建模和控制技术进行了仿真研究。

液压系统仿真是计算机仿真技术在液压系统中的一种应用。国外在二十世纪七十年代开始液压系统和元件的计算机数字仿真研究，由于受计算机性能的限制，仅能进行稳态特性的数字仿真，输入数据复杂。随着液压流体力学、控制理论的发展，特别是计算机运算能力的提高，通过理论或试验的方法建立液压系统的数学分析模型，利用计算机进行仿真，对关键参数进行优化，并预测系统的性能，从而给液压系统的设计提供了有利的工具。

二十世纪八十年代后期，开发了许多精度高、速度快、功能多的各类液压系统通用仿真软件包。如美国麦道飞机公司率先开发用以预测液压系统元件和系统性能的 AFSS（Advanced Fluid System Simulation）仿真软件包，使液压系统的设计从经验估计提高到定量分析的水平。该软件经 CDC 公司和明尼苏达大学（University of Minnesota）的修改、补充，成为一个通用液压系统 CAD 软件包。英国巴斯大学（University of Bath）研制了 Hydraulic System Automatic Simulation Program（HASP），并进一步发展使其成为具有更广泛功能的液压系统自动仿真程序，该程序充分考虑了液压系统中较复杂交互作用的静态和动态问题。此外，其他一些国外大学和公司也开发了许多仿真软件包。

日本机械学会、日本空压学会在 1983 年到 1992 年间，研究、开发了动力系统仿真软件 Bond Graphic Simulation Program（BGSP），BGSP 可以对机、电、液动力系统的键合图作数学模型处理、数值模拟计算与仿真结果显示，尤其适用于非线性机、电、液综合流体动力系统的解析。二十世纪九十年代英国巴斯大学推出了基于 PC 机的液压仿真软件包 BATHFP，该软件包由图形库、元件参数库和模型库等组成。

国内许多高校和研究机构从二十世纪七十年代起就开始进行液压系统和元件的数字仿真研究，取得了一定的成果。如上海工业大学研制的通用液压仿真软件包 HYSLL；北京航空航天大学推出的 FPS 通用仿真程序；上海交通大学研制开发的针对液压系统原理图的仿真软件包 HYCAD；浙江大学在引进德国亚琛大学液压元件及仿真系统软件 DSH 的基础上，开发了液压元件及系统动静态仿真软件、油源 CAD 软件、三维空间管道布置 CAD 软件以及液压系统阀板 CAD 软件等。

随着仿真技术的不断发展，近几年来出现的通用液压系统动态仿真软件包都是在多年来的基础上不断改进逐步发展起来的。这些软件各有其特点，很适合开发者和系统仿真方面的专家使用。但是，这些软件在推广上却遇到了前所未有的困难。其主要原因有：

（1）基于液压元器件参数数据库的建模方法难以满足元器件不断改进的

现状。通用动态仿真软件包都要有相应的参数数据库，用户仅以简单的指令即可调用各种典型的物理参数数值以及标准元器件的结构参数数值。但是由于液压系统所涉及的进口和国产软件种类繁多，而不同的厂家所生产的同类元器件其性能也相差很大，数据库难以提供。同时，厂家出于技术保密等原因，某些参数一般不提供。因此，软件开发者所能收集到的数据极其有限，且有很大的局限性，难以满足实际应用的要求。

（2）建模过程复杂。液压系统本身的复杂性决定了液压系统模型的复杂性。传统的将液压系统简化为线性系统进行分析的方法虽然精度受限制，但其应用范围最广，其原因就是这种方法的简单性。而商用的液压系统仿真软件要求使用者有较高的理论和专业知识，需专门进行培训。

（3）性价比低。液压系统一般是单机小批量设计，作为主机的一部分来处理。特别是在我国，一般液压系统的设计任务较少，市场容量有限，高昂的软件价格使其销售量比较低。

随着人类开发海洋步伐的加快，研制高性能的浮游式水下自主机器车（Autonomous Unmanned Vehicle，AUV）已受到各国科技工作者越来越多的关注。1970 年，美国最早的"海蜂"号遥控潜水器成功完成了 2 000 米水下环境的测量工作。在随后的几十年里，研究深海、无缆、高度自治水下机器人成为海洋科学家追求的目标。英国、日本、加拿大、法国等先进国家纷纷开发出了自己的 AUV 用于海洋调查和科学研究。我国也研制出了 6 000 米深海水下自治机器人 CR－01，并于 1997 年在太平洋中国矿区完成了各项海底试验调查任务，取得大量数据和资料。目前，针对 AUV 的建模主要集中在以自动控制和导航为目的的动力学建模研究方面。Pere Ridao、Joan Battle、Marc Carreras 针对一辆名为 GARBI 的 AUV，建立了详细的流体环境中基于矩阵的 AUV 动力学模型，模型的参数辨识采用实验分析的方法取得。Anthony Bei 采用有限元方法，针对一辆 AUV 进行了力学分析和仿真研究。吴旭光等建立了水下自主航行器的通用数学模型，详细论述了模型参数辨识的理论和方法，以及实验数据预处理及相容性检验内容。张禹、刘开周、邢志伟、封锡盛采用 VC＋＋语言，建立了 AUV 半实物实时仿真平台，采用标准的硬件接口，可以直接与真实 AUV 的自动驾驶计算机连接，由自动驾驶计算机来控制和驱动虚拟 AUV 实时仿真系统进行实时仿真，根据实时仿真结果对自动驾驶计算机中的自主控制系统和 AUV 的整体性能进行实时仿真验证和评价，解决了 AUV 整体性能验证和评价的问题。孟伟、张国印、韩学东、潘瑛、徐德民分别采用 Petri 网和 MATLAB 语言对 AUV 的动力学建模进行了研究。

深海底采矿机器车与普通履带车辆和深海水下自治机器车有共同之处，

也有不同之处。其为特殊设计履带车辆，因此可基本参照履带车辆模型进行建模；它的工作环境为深海底，与深海水下自治机器车的工作环境基本相同，可参照 AUV 的流体环境受力模型。本书对其进行建模研究，将主要从以下几点考虑：

（1）通常履带车辆为内燃机驱动的机械传动系，或内燃机驱动的液压传动系。深海采矿车为高压电机（3 000V）驱动的液压传动系。因此，对其建模只能参考履带车辆与地面之间的相互作用力模型。

（2）通常履带车多为中高速车辆（60km/h），深海底采矿车为低速履带车辆（0.5m/s），因此，建模时一些动态特性可适当简化，如不考虑离心力影响等。

（3）深海底采矿车所行驶的海底为极稀的软泥，其履带为满足该种环境进行了特殊设计。因此，一些通常意义下的履带车辆受力经验公式对其不再适用，必须从地面力学角度重新分析。

（4）深海底采矿车的工作环境与 AUV 基本相同，均为深海环境。因此，AUV 的环境参数、流体力学分析思想可作为深海底采矿车建模的借鉴。

1.5　基于非线性滤波方法的模型关键参数估计

由于采矿机器车运行环境的未知性和深海底沉积物的不均匀，机器车在海底作业时打滑严重，不均匀，车体驱动轮半径、打滑率等关键运动参数难以实时测量，只能通过估计的方式取得。卡尔曼滤波是参数获取和滤波的一种有效手段。卡尔曼滤波理论于 1960 年由 R. E. Kalman 首先提出，对于具有高斯分布噪声的线性系统，可以得到系统状态的递推最小均方差估计。由于卡尔曼滤波采用递推计算，因此非常适宜于用计算机实现。

卡尔曼滤波理论一经提出，立即受到了工程界的重视。伴随着计算机的发展，卡尔曼理论在航空、航天等诸多领域得到广泛应用。工程应用中遇到的实际问题又使卡尔曼滤波的研究更深入完善。为了解决由于计算机舍入误差导致的计算发散，Bierman、Carlson 及 Schmidt 等人提出了平方根滤波算法和 UDU 分解滤波算法，从而可以确保滤波方差矩阵正定。

卡尔曼最初提出的滤波理论只适用于线性系统，Bucy、Sunahara 等人提出并研究了扩展卡尔曼滤波（Extended Kalman Filtering，EKF），将卡尔曼滤波理论进一步应用到非线性领域。EKF 的思想是将非线性系统线性化，然后进行卡尔曼滤波。EKF 极大地扩展了卡尔曼滤波理论的应用领域，并被广泛用于模型参数的估计。

经典卡尔曼滤波应用的一个先决条件是已知噪声的统计特性。但由于工作环境和适用条件的变化，传感器噪声统计特性往往具有不确定性，这将导致卡尔曼滤波性能下降甚至发散。为了克服这个缺点，发展起来了一些自适应滤波方法，如极大后验（MAP）估计、虚拟噪声补偿、动态偏差去耦估计，这些方法在一定程度上提高了卡尔曼滤波对噪声的鲁棒性。为了抑制由于模型不准确导致的滤波发散，有限记忆滤波方法、衰减记忆滤波方法等被相继提出并使用。人工智能技术与滤波理论相结合，产生了一种新的自适应卡尔曼滤波方法，这种方法通过人工神经网络的在线训练，有效抑制了系统未建模动态特性的影响，使得滤波器也具有一定的鲁棒性。

与对非线性函数的近似相比，对高斯分布的近似要简单得多。基于这种思想，Julier 和 Uhlmann 发展了 UKF（Unscented Kalman Filter）方法。UKF 方法直接使用系统的非线性模型，不像 EKF 方法那样需要对非线性系统线性化。对于线性系统，UKF 和 EKF 具有相同的估计性能，但对于非线性系统，UKF 方法可以得到更好的估计。

近年来，UKF 在参数估计和多传感器信息融合方面取得了广泛的应用。Wan 和 Merwe 将 UKF 应用到非线性模型的参数估计和双估计中，并提出了 UKF 的方根滤波算法，该算法不仅可以确保滤波的计算稳定，而且大大减少了实际的计算量。Julier 和 Simon 将 UKF 首先应用于车辆导航定位系统的多传感器融合，得到了一个较 EKF 更好的结果。Merwe 和 Wan 将其用于神经网络的自学习，也取得了良好的效果。

1.6 深海底采矿机器车运动控制

深海底采矿机器车为特殊设计的履带车辆。与四轮车辆相比，履带车辆的控制更为困难。履带车辆一般采用滑动转向。在滑动转向过程中，履带车的运动由履带径向驱动力以及履带与地面的侧向摩擦力共同决定。由于摩擦力由履带车的线速度和角速度决定，履带车的侧向力平衡方程表现为不可积分的微分方程，这导致履带车的路径规划和路径跟踪控制之间出现耦合，即通常所说的非完整性约束。另外，由于履带—地面作用的复杂性，以及土壤参数的不确定性，对侧向摩擦力的准确辨识也是一个具有挑战性的问题。

Zhejun Fan、Y. Koren、D. Wehe 等针对履带车辆的直线轨迹跟踪进行了研究：将左右履带一起考虑，采用交叉耦合控制器（cross-coupling）消除车辆模型的内部参数误差和扰动，采用模型参考自适应算法对履带车辆的外部误差和扰动进行补偿。K. Rintanen、H. Makela 等开发了一套履带车辆的自动导航系统，采用一种特殊设计的非线性控制器对履带车辆的直线轨迹跟踪进行控制。C. W. Chen、G. G. Wang、S. H. Wang 通过对非线性模型线性简化的方法，设计了一个线性控制器，对履带车辆的转向控制进行了研究。Zvi Shiller 等研究了履带车辆轨迹跟踪问题，采用最优控制算法控制履带车的直线和转向运动。贺建飚等从运动特性、运动描述、运动控制以及运动规划等几个方面研究了高速履带式移动机器人的行动规划技术，针对履带式移动机器人的纵向运动控制问题，讨论了其速度控制模型，提出了一种速度测量与控制的方法；在转向运动方面，提出了一种基于模糊自适应的控制策略；建立了机器车自动驾驶专家控制系统，可实现自主导航、动态跟踪目标等任务。刘溧等将计算机控制技术与车辆操纵技术相结合，采用电控液压系统对履带车操作系统进行控制，建立了履带车远程控制系统。

1.7　本书的主要研究内容

综上所述，作为要求于特殊环境作业的特种设计机器车，深海底采矿机器车的运动建模与控制技术是我国大洋开发战略中的重要组成部分，它将为深海底采矿作业的顺利实施提供一定的理论依据与技术手段。本书正是在此基础上展开的：以实现深海底采矿机器车精确控制为目标，通过对深海底作业环境及履带地面理论的研究，建立了深海底采矿机器车运动学、动力学和液压驱动系统模型；建立了深海底采矿机器车关键运动参数估计模型，提出了一种改进的 SUKF 最优估计算法，并采用该算法实现了深海底采矿机器车关键运动参数的在线最优估计；设计了深海底采矿机器车运动控制系统，设计了一种模糊不等分时间轨线规划方法，提出了基于模糊交叉耦合控制器的深海底采矿机器车运动控制器，实现了深海底采矿机器车的精确运动控制；最后，开发了深海底采矿模型机器车实物仿真系统，开展了试验研究，取得了较好的实验结果。

本书的结构安排如下：

第一章简要介绍了深海采矿及深海底采矿机器车的研究情况。

第二章对深海底采矿机器车作业环境进行了深入调查，研究了履带地面理论，结合深海底稀软底质的特殊性，对履带式采矿机器车在深海底特种环境下的行走特性进行了研究。

第三章从地面力学理论和流体力学理论出发，针对采矿机器车的特殊设计和特殊作业要求，对深海底采矿机器车运动建模进行了深入讨论。首先，采用地面力学理论和流体力学理论，考虑深海底采矿机器车的特殊设计和深海底特殊环境，在特别考虑履齿附加推力、推土阻力、水阻力，并忽略向心力的情况下，采用深海底沉积物特殊环境参数，对机器车牵引力和运动阻力分别建模，建立了深海底采矿机器车动力学和运动学模型。然后，从液压平衡理论出发，针对深海底采矿机器车变量液压泵—定量液压马达容积调速系统，将系统分解为电液比例阀子系统、变量泵控制液压缸子系统、柱塞泵子系统和柱塞马达子系统分别建立数学模型，在此基础上建立了深海底采矿机器车液压驱动系统模型。最后，将以上模型分别在 MATLAB 中实现并互相连接，建立了深海底采矿机器车运动系统仿真模型，并进行了仿真研究，取得了较好的仿真效果。

第四章从深海底采矿机器车运动机理分析出发，针对深海底采矿机器车关键运动参数估计问题，提出了深海底采矿机器车左右履带打滑率和左右履带驱动轮半径的参数估计模型；在深入研究非线性滤波算法的基础上，提出了一种改进的 SUKF 算法——FSUKF 算法；采用所提出的模型和算法实现了对机器车关键运动参数的有效估计。

第五章从深海底采矿机器车控制系统硬件构成及作业要求出发，提出了深海底采矿机器车运动控制系统，并对系统各个模块进行了设计实现；在运动规划子系统设计过程中，提出了一种基于模糊控制的不等分状态时间轨线规划方法；在轨迹跟踪控制单元设计过程中，将履带机器车轨迹误差区分为内部误差和外部误差，提出了基于交叉耦合和模糊专家控制的控制算法，仿真结果证明了控制系统的有效性。

第六章介绍了小型深海底采矿模型机器车实物仿真系统及部分试验研究结果。首先，仿照原系统，设计并开发了电动液压驱动系统；设计并开发了30:1同比例模型车机械系统；完成了控制系统硬件选型和开发。然后，立足于实际系统，采用集成结构设计思想，开发了深海底采矿机器车控制系统软件。最后，以模型车为控制对象，给出了部分试验研究结果。

第七章对全书进行了总结，对进一步的研究工作进行了展望。

2 深海底采矿机器车工作环境及行走特性研究

深海底采矿机器车工作于6 000米海底，工作环境为特种极限环境。本章拟从采矿机器车作业环境调查及车辆—地面力学理论入手，研究特殊设计履带车辆在深海底不均匀稀软底质环境中的行走特性。

2.1 我国矿区水文特性和海泥土力学特性

1999年3月5日，在完成开辟区50%区域放弃义务后，中国大洋协会为我国在夏威夷群岛以东约1 800千米的太平洋底获得了7.5万平方千米具有专属勘探权和优先商业开采权的金属结核矿区。该矿区分为东、西两区。其详细地理位置如图2-1所示。图中左上角为目前探明的联合国管理的太平洋公海锰结核富矿区，标记区域为我国矿区的形状和地理位置。自1983年以来，我国对大洋锰结核矿区进行了多次勘测，已初步调查清楚我国矿区的深海水文特性和海泥土力学性质。

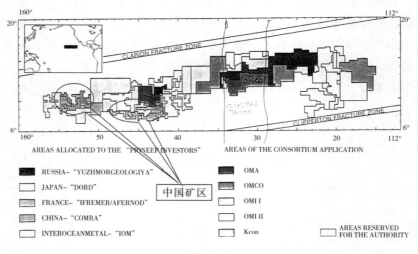

图2-1　中国矿区地理位置图

2.1.1 我国矿区底层海流动力学特性

由文献可知，在我国矿区内，近底海流以低的平均速度和在速度及方向上的高变化性为特征。研究表明，深海底流的主要变化和气象尺度的变化一样与惯性和潮汐振荡相关，在矿区存在着 3 种明显的水动力学状况：

（1）平静期：以最小的水流速度（0～3cm/s），中等到低的变化性和低潮汐活动为特征；

（2）中等尺度的惯性潮汐期：以水流速度的改变（0 至 5～6cm/s）和相应增加的速率为特征；

（3）活跃期：最初与水流速度的急剧增加相联系。这种水流速度的增加可维持一个相对稳定的时期，形成的水流流速24h平均值可达8cm/s（或更高值），且某一小时的平均值可达 13～15cm/s。这些事件被称为"海底风暴"。这种变化通常具有规律性，而非间歇性的，其持续时间在 1～2 周或 5～6 周，与海面典型的气象变化的时间尺度相一致。与深海海底风暴相伴随的另一个特点是海流方向也发生显著的变化。

从矿区 1998—1999 年锚系海底海流计的分析结果来看，近底海流的平均值在 3～9cm/s 之间，且越近底流速越大，流向以东北向为主。锚系记录的谱分析结果也表明，在东小区离底 5 米的海流计（E05）观测到的海流结构有一个两月和一月的显著周期，尤其是两月周期更为明显，高频部分是半日、全日和 2.5 日周期。显然半日和全日周期是潮汐周期，2.5 日周期是惯性振动周期（图 2 - 2）。

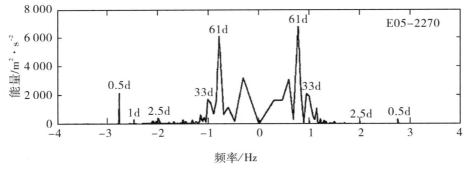

图 2 - 2　我国矿区底层海流谱结构

总而言之，我国矿区整个海域处在南极底层水向东北稳定延伸的区域内，水动力条件总体上较为缓慢，但也存在着周期性的水流速度大于 15cm/s 的海底风暴。由于海底存在周期性洋流，对采矿机器车行走建模必须考虑水阻力的问题。

2.1.2　我国矿区海泥土力学性质

由文献可知，我国矿区表层沉积物为淡黄色或浅棕色粉土质土，下部沉积物主要是褐色粉土质土和棕黑色粉土质土。各区域土的含水量在208% ~ 271%之间，含水量自上而下减少。土的压缩性指标在6.5 ~ 8.0MPa之间，压缩模量在0.96 ~ 1.12MPa之间，固结系数为0.8×10^{-3} ~ 2.5×10^{-3} cm²/s，表明矿区各段土具有高压缩性、低强度和固结速度快的特点。土的贯入阻力在4.8 ~ 44.7kPa之间，土的十字板剪切强度在4.0 ~ 15.5kPa之间。直剪试验结果土的内聚力 $C = 4.0 \sim 12.0$kPa，内摩擦角 $\varphi = 5.9° \sim 12.0°$。在直剪试验过程中，在垂向上原状沉积物不能承受400kPa的压力进行快剪试验，有的试样甚至不能承受200kPa压力。下表为我国矿区地层物理力学性质指标统计。

我国矿区地层物理力学性质指标统计

性质类型	东部丘陵			海岭裂谷			海山丘陵			南部丘陵		
	淡黄色			淡黄色		灰黑色	淡黄色		褐色	淡黄色		褐色
层位/cm	0 ~ 25	25 ~ 50	50 ~ 100	0 ~ 25	25 ~ 50	50 ~ 102	0 ~ 25	25 ~ 50	50 ~ 85	0 ~ 25	25 ~ 50	50 ~ 75
σ/%	270.0	251.3	230.8	272.0	243.3	208.0	257.0	248.0	237.0	257.0	230.0	208.0
ρ/kN·m^{-3}	12.2	12.3	12.5	12.1	12.5	12.7	12.2	12.3	12.5	12.1	12.5	12.0
c	7.3	6.7	6.1	7.4	6.6	5.5	6.9	6.6	6.3	7.1	6.1	5.6
n/%	87.6	87.0	86.0	87.9	86.8	84.7	87.3	86.8	86.3	87.6	86.0	84.8
w_1/%	133.0	120.0	135.0	124.0	140.0	125.0	128.0	150.0	125.0	140.0	130.0	118.0
w_p/%	90.0	78.0	82.0	82.0	81.0	89.0	92.0	95.0	80.0	92.0	90.0	75.0
I_p	43.0	42.0	53.0	32.0	59.0	36.0	36.0	55.0	40.0	47.0	40.0	43.0
I_1	4.2	4.1	2.8	5.0	2.8	3.3	4.5	2.8	3.9	3.6	3.5	3.1
a_{1-2}/MPa^{-1}	7.6	8.0	6.8	6.7	6.7	6.9	6.8	6.9	6.5	5.6		
E_a/MPa	0.99	0.96	1.08	1.14	1.10	1.00	1.10	0.88	1.12	1.12		
C_v/×10^{-3}cm^3·s^{-1}	2.1	2.0	2.1	1.2	0.8	1.2	1.6	2.5	1.8	1.6		
q_c/kPa	7.8	13.0	22.7	7.4	15.0	26.1	4.8	15.5	18.5	6.3	19.2	44.7
S_t/kPa	4.8	6.5	8.5	5.3	5.3	8.3	4.0	13.0	14.0	4.2	7.1	15.5
C/kPa	5.1	4.0	10.0	4.6		4.0	5.5	5.0	6.0	5.7	7.0	12.0
ϕ/°	6.4	9.0	6.4	6.1		6.3	5.9	7.5	7.0	6.4	7.4	10.2

由以上调查结果可知，我国矿区深海泥的土力学特性与普通陆地土壤有很大不同，具有大孔隙比、高含水性、高可塑性、高压缩性、低强度和土质

较弱的特点。因此，有必要从地面力学的角度，重新计算采矿机器车—深海底海泥的力学作用，从而建立深海底采矿机器车的动力学模型。

2.2 车辆—地面相互作用力学——地面力学

2.2.1 塑性平衡理论

在某一类型的地面，可以和一个具有如图 2-3 所示的应力—应变关系的理想的弹塑性材料相比较。当地面的应力程度不大于某一极限，例如图 2-3 中的"a"点时，则此地面能够表现为弹性状态。超过"a"点后，应力增加一微小量，应变便显著增加。这种显著增加的应变，构成塑性流动。塑性流动以前的状态，通常称为塑性平衡状态。从塑性平衡状态转变为塑性流动状态，表示物质被破坏。

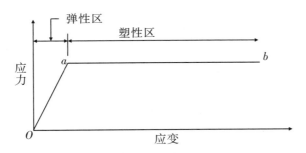

图 2-3 理想弹塑性材料特性

学者们对于土壤和其他类似材料的破坏，提出了若干判断准则。莫尔—库仑准则是广泛应用的一个准则。假定材料在一点处被破坏，则介质中该点的剪切应力应满足下列条件：

$$\tau = c + \sigma \tan\varphi \qquad (2-1)$$

式中，τ——材料的抗剪强度，Pa；c——材料的内聚力系数，Pa；σ——剪切面上的法向压力，Pa；φ——材料的内抗剪强度角，rad。

材料的内聚力是指作用在粒子之间的与法向压力无关的结合力。另外，摩擦材料的粒子，仅当法向压力作用于它们之间时才能结合在一起。因此，理论上的饱和土壤等的剪切强度，与法向负载无关，而干砂的剪切强度随着法向载荷的增加而增加。对于干砂，剪切强度可以表示为

$$\tau = \sigma\tan\varphi \qquad (2-2)$$

而对于饱和土壤，可给出下列等式

$$\tau = c \qquad (2-3)$$

然而，覆盖在大部分可通行的地球表面的颗粒物质，通常兼有黏结和摩擦特性。

以上理论被称为塑性平衡理论。该理论有助于了解车辆—地面相互作用的物理本质。然而，该理论建立在假定地面是理想的弹塑性材料的基础上。事实上，各种地面通常不呈现为理想的弹塑性状态。为了提供一个有效的工程方法来评价和预测越野车辆的性能，出现了各种半经验方法。为了不断完善这些方法，必须测量与车辆作用载荷相同条件下的地面特性。

2.2.2　地面参数测量理论

在测量地面参数的各种方法中，广泛应用的是由 Bekker 发展的贝氏理论。该理论在讨论地面的力学特性和车辆性能的基础上，提出了以半经验公式粗略预测行驶阻力、沉陷量、牵引力和滑转率的方法。该理论将与地面作用的履带近似为刚体。如果车辆的重心位于履带与地面接触区域的中心，法向压力分布近似为平均分布。如果重心位于履带与地面接触区域的中心的前侧或后侧，压力分布则考虑为梯形分布。该理论采用压力—沉陷关系计算履带沉陷、运动阻力等不易在线测量的运动参数，基于剪切压力—剪切位移和土壤剪切强度关系，计算履带的打滑率和车辆的最大拉力。

2.2.2.1　压力—沉陷关系

根据试验数据，对于均质土壤，Bekker 提出了下列压力—沉陷关系

$$\sigma = (\frac{k_c}{b} + k_\varphi)z^n \qquad (2-4)$$

式中，n 为变形指数，z 为沉陷深度，b 为载荷面的短边，k_c 和 k_φ 分别为内聚变形模量和摩擦变形模量。以上参数中，n 为无量纲参数，其余参数单位为 m。式中各参数通常采用履带齿板的基本试验获得。

由于深海底海泥特性与陆地土壤特性完全不同。德国特丢夫勒根据试验得到海泥的载荷和压陷的半经验公式为：

$$z = e + fp \qquad (2-5)$$

式中，$f = 1.99 - 0.112\tau$ $\qquad (2-6)$

当 $\tau \leqslant 5.0\text{kPa}$ 时，$e = 6.725 - 2.568\tau + 0.245\tau^2$

当 $\tau > 5.0\text{kPa}$ 时，$e = 0$

2.2.2.2 剪切应力—位移关系

当驱动履带时,在接触面的地面上产生剪切作用,如图 2－4 所示。为了预测车辆的牵引力和滑转率,需要了解地面的剪切应力和剪切变形之间的关系,这个关系可由剪切试验来确定。如图 2－5 所示,水平剪切应力 τ 使履带在地面上产生剪切位移 j。剪切位移的产生意味着在水平剪切应力的作用下,土壤已经被破坏,土壤在被破坏的同时,产生反作用力推动履带前进。越野车辆行驶中,常见的地面剪切应力—位移曲线有两种类型:一种地面类型出现最大剪切应力 $\tau_{\max}$ 的驼峰,并且在屈服极限后具有剪切应力 τ_r 的平缓区段;另一种地面类型表现为一个圆滑的剪切应力—位移曲线,而且剪切应力在达到最大值后不降下来。

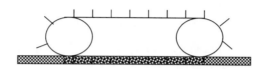

图 2－4 履带的剪切作用

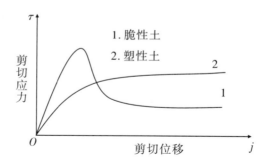

图 2－5 剪切应力—位移曲线的两种类型

经试验测定,我国矿区海泥为塑性土壤,可用以下公式计算剪切应力—位移关系:

$$\tau = (c + \sigma\tan\varphi)(1 - e^{-j/k}) = \tau_{\max}(1 - e^{-j/k}) \tag{2－7}$$

式中,k——海泥的水平剪切变形模数,m;j——剪切位移,m;τ——剪切应力,Pa。

由于履带与被扰动土壤的相互作用,意味着履带相对未扰动土壤的速度与履带相对已扰动土壤的速度之间存在一定的速度差,即履带出现了打滑。打滑率 i 定义为:

$$i = 1 - \frac{v}{r\omega} = 1 - \frac{v}{v_t} = \frac{v_t - v}{v_t} = \frac{v_j}{v_t} \qquad (2-8)$$

式中，v——履带的实际速度，m/s；v_t——不考虑打滑率时履带车理论速度，m/s；v_j——扰动土壤的移动速度，m/s；r——履带驱动轮半径＋履带板厚度，m；ω——驱动轮角速度，rad/s。

显然，履带车的打滑率与土壤参数和履带的水平剪切应力之间存在一定的关系。履带车建模过程中，打滑率的准确估计占据了重要的地位。它对车体实际速度和车体位置的准确估计起着至关重要的作用。

2.3 小结

本章在深入调查深海底采矿机器车作业环境的基础上，对履带车建模关键理论进行了研究，并结合深海底稀软底质的特殊性，对履带式采矿机器车在深海底特种底质下的行走特性进行了研究。研究结论将被应用到第三章深海底采矿机器车运动建模研究中。

3 深海底采矿机器车运动建模研究

深海底采矿机器车工作于 6 000 米深海稀软底质，车辆设计的特殊性和作业环境的特殊性决定了其工作特性与普通履带车辆有所不同。利用上章讨论的深海作业环境和深海地面—履带作用特性，从地面力学理论和流体力学理论出发，针对采矿机器车的特殊设计和特殊作业要求，本章对深海底采矿机器车运动建模进行了深入讨论。

3.1 深海底采矿机器车行走机构及工作要求

深海底采矿机器车作为深海采矿系统的随动中心，是整个系统的核心设备，承担了深海采矿最复杂、最危险的任务。它由水力式集矿机构、破碎机构、履带式行走机构、液压动力系统、测控系统及软管连接装置等组成。采用 2 台高压电机分别驱动 2 台油泵，利用液压马达驱动左右履带、4 台水泵和破碎机，实现采矿车的行走、集矿和破碎，采用油缸调节集矿头的姿态和离底高度。其主要部分的结构如图 3 – 1 所示：

1－集矿头　2－测障声呐　3－摄像头　4－照明灯　5－支承连接装置　6－破碎机

7－输送软管　8－动力站　9－着地平衡装置　10－电子仓　11－履带　12－地轮

图 3 – 1　深海底采矿机器车结构示意图

（1）集矿头：由水射流采集头和机械输送分区装置两部分组成。它不接触海底，通过高压水射流的冲动举升结核矿石，使之进入倾斜刮板输送装置，从而送往料仓，并在输送过程中进一步脱泥。

（2）支承连接装置：由五连杆机械组成，在实现集矿头与底盘稳固连接的同时，能平行上升和前后摆动以适应海底微地形变化，实现顺利越障。另外还可以调节集矿头离底高度，以达到最佳集矿要求。

（3）着地平衡动力装置：采矿车从采矿船下放到离海底200米时，通过着地平衡动力装置使其保持水平姿态，以便平稳着地。

（4）液压动力系统：采矿车各执行元件由液压驱动，该系统采用闭式回路，液压泵用浸油电机驱动，行走马达由变量泵调速，实现采矿车行走变速和转弯。液压泵和阀组均装在耐压仓内，预加55兆帕压力进行海底水压平衡补偿。

（5）履带式行走机构：由履带、驱动轮、从动轮、负重轮、支承轮、履带架、车架和动力装置等组成。由于深海底沉积物完全不同于陆地的底质，其剪切强度低，且具有扰动流体特性，履带式行走机构与海泥的相互作用规律是至关重要的，它将决定履带式行走机构的可行驶性。这种相互关系主要取决于两个因素，一是履带车的接地比压，其决定着压陷量；二是由土壤的抗剪强度和履带传递牵引力的履齿形状和大小决定着的牵引力。为满足剪切强度和低扰动要求，本系统采用特种合金履带。履刺选用近似渐开线的尖三角齿，驱动轮、从动轮、负重轮采用双浮动悬挂。两条履带分别选用液压马达驱动，利用速度差实现采矿车转向。车架采用后横梁中间铰接，实现两履带上下浮动，保证采矿车在不平海底面上正常行走。

（6）电气测控系统：主要包括供电及电机启动装置、测控传感器和自控系统。所用6～10kV交流电由电缆输送，控制中心位于采矿车的耐压仓内，导航、测距等仪器放置在相关测控点。系统具有手动、自动双重功能。采矿车正常工作时由计算机自动操作，当遇到紧急特殊情况时可改用人工实施干预。

采矿机器车基本参数如下：

设计水深	6 000m	行驶速度	0～1m/s
外形尺寸	6m×5.3m×3.5m	空气中重	24t
水中重	11t	承载量	8t

采矿机器车行走机构是自行走液压驱动履带车辆。履带基本参数如下：

履带宽度	1.7m	履带接地长度	6m
履带接地面积	21.6m²	主动轮半径	325mm

| 齿高 | 130mm | 齿宽 | 200mm |
| 齿长 | 1 700mm | 齿型 | 尖三角齿 |

在越障条件下，采矿机器车工作性能参数如下：

| 爬坡能力 | 15° | 左右倾斜 | ±20° |
| 越障高度 | 5m | 越沟宽度 | 1m |

由以上介绍可知，深海底采矿机器车与通常意义的履带车辆存在较大区别。主要表现在为适应稀软地面所做的特殊设计和特殊的工作特性方面。深海底采矿机器车具有较宽的履带宽度（1.7米）和特殊设计的履齿（0.13米的尖三角齿）。设计行驶速度为 0 ~ 1m/s，实际作业时通常采用 0.5m/s 的行进速度，与研究较多的高速坦克车辆不同，是一种典型的低速车辆。

3.1.1 深海底采矿机器车行走建模简化条件

由于深海底采矿机器车的工作环境和自身特性与普通履带车辆有很大不同，主要表现为履带车的低速性（0.5 ~ 1m/s）、海泥的高含水性和低的剪切强度，以及深海底的作业环境，深海底采矿机器车的建模简化条件与普通履带车相比，也应该有所不同。与普通履带车相比，建模条件有以下特点：

（1）考虑水阻力：通常地面行走的低速履带车辆，空气阻力可忽略不计，机器车在 6 000 米深的海底行走，海水的密度比空气大得多，必须考虑海水阻力。

（2）忽略离心力：由于机器车的运行速度很低（0.5 ~ 1m/s），转向时离心力对其作用很小，可忽略不计。

（3）考虑推土阻力：6 000 米深海底为极软的饱和土壤，与地面行驶的履带车不同，机器车具有较深的压陷深度（约 15 厘米）。在如此深的压陷情况下，推土阻力成为机器车的主要运动阻力之一。

（4）考虑履刺的剪切力：为了增加机器车在 6 000 米深海稀软底上的附着力，与普通履带车辆不同，机器车履带上设计了高 0.13 米、齿距为 0.2 米的尖三角齿。在建模时，必须考虑履齿与地面的剪切作用。

基于以上考虑，参考陆地履带车辆的动力学原理，我们对深海底采矿机器车工作状态下的受力进行了分析，并最终建立了深海底采矿机器车的行走动力学模型。

3.1.2 深海底采矿机器车履带牵引力模型

深海底采矿机器车牵引力取决于机器车履带与下方土壤之间的相互作用。

通过对土壤的剪切作用，土壤对履带产生一个反向的推进力 F。力 F 通常被称为牵引力。尽管牵引力的大小取决于许多因素，最大牵引力 F_{max} 取决于地面的最大剪切强度 τ_{max}。定义 A 为履带接地面积，W 为车体正向压力，σ 为车体相对于地面的压强，c 和 φ 为对应的土壤内聚力参数和内摩擦角参数，由 Bekker M. G. 的研究[①]可知履带产生的最大拉力为：

$$F_{max} = A\tau_{max} = A(c + \sigma\tan\varphi) = Ac + W\tan\varphi \qquad (3-1)$$

由于 c、φ 随着地面的不同而变化，当履带车在不同地形情况下行驶时，最大牵引力也各不相同。当所需牵引力大于地面所能给予的最大牵引力时，履带车将会发生完全滑转。

如果对剪切应力沿履带长度积分，可获得更为精确的牵引力计算公式：

$$F = b\int_0^l (c + \sigma(x)\tan\varphi)(1 - e^{-ix/k})\,\mathrm{d}x \qquad (3-2)$$

式中，b——履带宽度，m；l——履带长度，m；k——水平剪切变形模数，m；i——履带打滑率；x——剪切位移，m。

由上式可看出，如果完全没有滑移，即 $i = 0$，则牵引力也为 0，这是因为牵引力是通过地面剪切作用产生的，而地面土壤的滑移是剪切土壤的必然结果。上式的解决取决于接地比压的分布函数 $\sigma(x)$。$\sigma(x)$ 的分布由地面情况和履带支重轮的大小和个数共同决定。图 3-2 定性研究了各种军事用履带车辆法向压力分布的测量值（深度为表土以下 0.23 米）。从图中可看出，当支重轮较多且支重轮与履带节距之比较小时，压力分布可近似为沿履带长度平均分布。对于柔性履带或对于支重轮间距与履带节距之比较大的履带，沿履带长度方向的压力分布是不均匀的。由于采矿机器车和农用拖拉机采用较小和较多的支重轮，其压力分布可近似为矩形分布。因此，式 3-2 可简化为：

$$F = (Ac + W\tan\varphi)\left[1 - \frac{k}{il}(1 - e^{-il/k})\right] \qquad (3-3)$$

然而，式（3-3）只是简单考虑履带对地面剪切产生的拉力。由于采矿机器车具有特殊设计的较长尖三角齿，必须把履刺剪切土壤所产生的拉力考虑进来。本书从塑性理论出发，研究履刺剪切地面所产生的附加拉力。

---

① BEKKER M G. Introduction to terrain-vehicle systems. Ann Arbor：University of Michigan Press，1969.

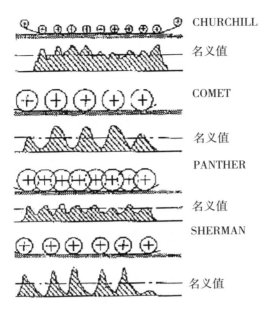

CHURCHILL

名义值

COMET

名义值

PANTHER

名义值

SHERMAN

名义值

图3-2　各种履带车辆作用下，距土壤表面 23cm 深度处测得的压力分布

由于深海底的特殊环境，该履带车具有高为 0.13 米、齿距宽为 0.2 米的窄尖三角齿；同时，设计的土壤剪切深度达 0.18 米。因此，总牵引力由履带剪切土壤产生的牵引力 F 和窄尖三角齿剪切土壤产生的牵引力 F_2 之和构成。

将单个履刺考虑为推土板。如果推土板的宽度与切削深度之比很大，则此问题可以认为是平面问题。假定推土板是垂直的，且其表面相当光滑，则推土板作用于土壤的法向应力是最大主应力，且等于被动土压 σ_p。因为不存在附加载荷，作用在推土板单位宽度的合力 F_{p1} 可以由在深度 h_b 上的被动土压积分来计算。

$$F_{p1} = \int_0^{h_b} \sigma_p \mathrm{d}z \qquad (3-4)$$

根据塑性平衡理论，地面某点物质进入被动破坏时垂直边上所需要的水平应力，即被动土压可表述为：

$$\sigma_p = \gamma_s z N_\varphi + 2c\sqrt{N_\varphi} \qquad (3-5)$$

将式（3-5）代入式（3-4），并令履刺的宽度为 b_2，则单个履刺产生的附加推力为：

$$F_p = b_2 \left(\frac{1}{2} \gamma_s h_b^2 N_\varphi + 2ch_b\sqrt{N_\varphi} \right) \qquad (3-6)$$

式中，b_2——履刺的宽度，实际等于履带的宽度 b，m；γ_s——土壤比重，kg/m³；h_b——履刺高度，m；$N_\varphi = \tan^2\left(45° + \dfrac{\varphi}{2}\right)$，称为土壤流值。

所有履刺产生的牵引力可表述为：

$$F_2 = n \cdot F_p = nb_2 \left(\frac{1}{2} \gamma_s h_b^2 N_\varphi + 2ch_b \sqrt{N_\varphi} \right) \tag{3-7}$$

式中，$n = \dfrac{l}{d}$，为与地面接触的履刺的个数。

将式（3-3）和式（3-7）相加可得单个履带产生的牵引力公式：

$$F_p = F + F_1$$

$$= (Ac + W\tan\varphi)\left[1 - \frac{k}{il}(1 - e^{-il/k}) \right] + nb_2 \left(\frac{1}{2} \gamma_s h_b^2 N_\varphi + 2ch_b \sqrt{N_\varphi} \right) \tag{3-8}$$

3.1.3　深海底采矿机器车运动阻力模型

深海底采矿机器车为液压驱动履带车辆。履带车的运动阻力可以分成内阻力和外阻力两个部分。内阻力主要分布在履带—悬挂系统，由履带板间、驱动轮齿和履带、支重轮轴的摩擦损失以及支重轮和履带之间的转动阻力构成。内阻力的表现形式复杂而多变，难以给出精确的分析和预测，常常用经验公式给出内阻力和速度之间的线性近似关系。由 Merritt H. E. 的研究可知[①]，履带车内部阻力主要取决于车辆重量、履带内部张力和行驶速度，其值约为车重的3%～8%。考虑到机器车的低速行驶特性，并经试验粗略测定，本书也是将内阻力近似为作用在主动轮轴上的线性黏性力矩，取为车重的3%。

外阻力包括深海环境中的海水阻力，以及车辆—地面相互作用产生的阻力和阻力矩。通常履带车辆的地面阻力主要表现为地面的压实阻力和考虑到离心力作用的侧向阻力矩。考虑到深海底采矿机器车行驶于极稀软土壤，具有较大的压陷深度，且行驶速度较底，本书将纵向阻力考虑为海泥的压实阻力和推土阻力之和，对侧向阻力矩计算进行简化，忽略离心力作用。

3.1.3.1　深海底采矿机器车侧向阻力矩模型

深海底采矿机器车为特殊设计的履带车辆。履带车辆的转向特性与轮式车辆完全不同。履带车辆并无专门的转向机构，而是通过左右履带的速度差实现滑差转向。滑差转向采用使一条履带的牵引力增加的同时，使另一条履带的牵引力减小的方法产生转向力矩，克服由于车辆在地面滑动转向产生的

---

① MERRITT H E. Some considerations influencing the design of high-speedtrack-vehicles. The Inst. of Automobile Engineers, 1939: 398 – 430.

阻力矩。

履带车在水平地面上均匀转向时所受外力如图 3-3 所示。

图中，F_i 和 F_o 分别表示外侧履带和内侧履带的牵引力，R_{ro} 和 R_{ri} 分别表示外侧履带和内侧履带所受的纵向地面阻力。μ_r 和 μ_l 分别表示纵向和侧向的摩擦系数，B 表示履带中心矩，F_{cent} 表示离心力，O' 是瞬时转向中心，C 是车辆的几何中心，R 是转向半径。虚线所示为履带车的运动轨迹。

图 3-3 所示的转向阻力分布与通常认为的平均分布不同，为三角形分布。这是因为采矿机器车工作土壤为极稀的软泥，主要表现为塑性土壤。对塑性土壤而言，距离瞬时转向中心越远的点，所受的横向阻力越大，履带末端所受的地面横向阻力也越大。侧向力会产生一个转向阻力矩 M_r，其方向和机器车的转动方向相反。

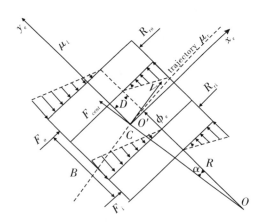

图 3-3　履带车转向地面受力示意图

由于考虑离心力的作用，瞬时转向中心与车辆几何中心在运动方向上距离为 D，并因此产生一个横摆角 α。当履带车直线行走时，$\alpha = 0$。当机器车左转或右转时，α 取对应的正值和负值。也就是说，只有在机器车转向时，横摆角才会出现。

然而，当履带车以低速转向时，离心力的作用可忽略不计。此时，可认为瞬时转向中心和履带车的几何中心重合，侧向力的分布可以认为是四个相等的三角形 F_1 到 F_4，其地面受力情况如图 3-4 所示。由于深海底采矿机器车运动速度很低（0~1m），考虑采用图 3-4 的受力分布计算机器车的地面受力情况。

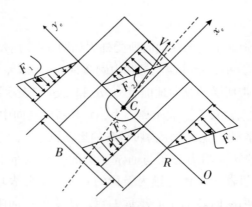

图 3 - 4　低速转向时履带车辆受力示意图

图 3 - 5 为单个履带侧向力的密度函数 $f(x)$，图中，l 为履带长度。假定机器车重量为均匀分布，则单个履带上的侧向阻力合力可表述为：

$$F_c = \frac{mg\mu_l}{2}$$

式中，m 为车体质量，g 为重力加速度。

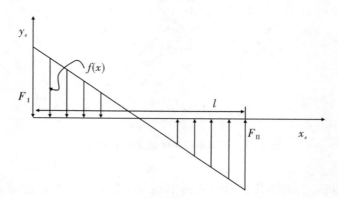

图 3 - 5　单个履带上侧向阻力分布示意图

履带后端的侧向摩擦力 F_{I} 和履带前端的侧向摩擦力 F_{II} 可分别由下式计算：

$$F_{\mathrm{I}} = \frac{mg\mu_l}{2} \bigg/ \frac{l}{2} = \frac{mg\mu_l}{l}$$

同理，$F_{\mathrm{II}} = -\dfrac{mg\mu_l}{l}$

由 F_{I}、F_{II} 可求得侧向力的密度函数 $f(x)$：

$$f(x) = -\frac{2mg\mu_l}{l^2}x + \frac{mg\mu_l}{l} \qquad (3-9)$$

通过积分，可求得单个履带侧向阻力矩：

$$M_{yl} = \int_0^l xf(x)\,\mathrm{d}x = \int_0^l x\left(-\frac{2mg\mu_l}{l^2}x + \frac{mg\mu_l}{l}\right)\mathrm{d}x$$

$$= -\frac{2mg\mu_l}{l^2}\cdot\frac{l^2}{3} + \frac{mg\mu_l}{l}\cdot\frac{l}{2} = \frac{mg\mu_l}{6}$$

由于左右履带对称，可求得总的侧向阻力矩 M_R：

$$M_R = 2M_{yl} = \frac{mg\mu_l}{3} \qquad (3-10)$$

3.1.3.2 深海底采矿机器车径向阻力模型

与通常履带车辆只考虑挤压阻力不同，深海底采矿机器车径向阻力要考虑挤压阻力、推土阻力和水阻力。

挤压阻力主要由车体重量对地面的挤压产生，对车体的运动性能有较大的影响。假定法向载荷沿履带长度均匀分布，则履带的沉陷量可由压力—沉陷量方程预测。由式（2-5）：

$$\Delta z_h = e + f\sigma_h$$

如果定义沉陷的平均值为：

$$\Delta\bar{z} = \frac{\Delta z_s + \Delta z_i}{2}$$

压实土壤形成长度为 l，宽度为 b，深度为 Δz 的车辙所做的功为：

$$w = bl\int_0^{\Delta\bar{z}}\sigma_h\,\mathrm{d}(\Delta z) = bl\int_0^{\Delta\bar{z}}\frac{\Delta z - e}{f}\mathrm{d}(\Delta z) = \frac{bl}{2f}\Delta\bar{z}^2 - \frac{ble}{f}\Delta\bar{z}$$

如果将履带沿水平方向推移一个距离 l，则牵引力所做的功（该力等于压实土壤的行驶阻力 R_1）将与造成长度为 l 的车辙所做的垂直方向的功平衡。所以，由

$$w = \frac{bl}{2f}\Delta\bar{z}^2 - \frac{ble}{f}\Delta\bar{z} = R_1 l$$

得：

$$R_1 = \frac{b}{2f}\Delta\bar{z}^2 - \frac{be}{f}\Delta\bar{z} \qquad (3-11)$$

宽度为 b 的履带对深海底海泥的推土阻力可由海泥土力学特性与履带车

压陷深度之间的函数表示：

$$R_2 = (\frac{1}{2}r_s\Delta\tilde{z}^2 k_{pr} + c\Delta\tilde{z}k_{pc})b \qquad (3-12)$$

式中，r_s 为海泥比重，b 为履带宽度，k_{pr}、k_{pc} 为被动土压系数，可按下式计算：

$$k_{pr} = (\frac{2N_r}{\tan\varphi} + 1) \cdot \cos^2\varphi$$

$$k_{pc} = (N_c - \tan\varphi) \cdot \cos^2\varphi$$

式中，N_r、N_c 为太沙基承载能力系数，设 $\varphi = 0.5$，查"太沙基公式承载系数表"可得 $N_r = 0.1$，$N_c = 6.36$。

海水的阻力则可以由流体动力学理论进行估计。由流体动力学原理可知，非黏滞液体中运动的物体所受阻力与该物体的表面积、液体的密度，以及物体的运动速度成正比。因此有：

$$R_w = \gamma k_s sv/2 \qquad (3-13)$$

式中，γ 为海水比重，k_s 为比例系数，s 为海水阻力面积，v 为车体速度。

因此，根据式（3-11）至式（3-13），折算成机器车单个履带的径向阻力可表示为：

$$R = R_1 + R_2 + \frac{1}{2}R_w$$

$$= (\frac{b}{2f}\Delta\tilde{z}^2 - \frac{be}{f}\Delta\tilde{z}) + (\frac{1}{2}r_s\Delta\tilde{z}^2 k_{pr} + c\Delta\tilde{z}k_{pc})b + \frac{\gamma k_s sv}{4} \qquad (3-14)$$

3.1.4 深海底采矿机器车运动学模型

深海底采矿机器车为履带车辆，其运动学模型可按履带车辆的运动学模型表述。

3.1.4.1 坐标系的选择

动力学系统的空间运动可分解为重心的空间运动和绕刚体重心的定点运动。为了确切地描述系统的运动状态，需要选取适当的坐标系作为测量的参考基础。一般说来，机器人动力学系统中常采用的坐标系有地面坐标系、机器人坐标系、速度坐标系、平移坐标系、半速度坐标系等。考虑到深海底采矿机器车主要在深海底行走，自由度变化相对较少，本书主要采用地面坐标系 $o_e x_e y_e z_e$ 和机器人坐标系 $ox_1 y_1 z_1$ 对机器车运动学进行研究，如图 3-6 所示。地面坐标系的原点 o_e 选在地面某处，例如机器车初始位置。$o_e y_e$ 轴垂直于地面并指向上方，称为铅垂轴。$o_e x_e$ 轴在水平面可指向任意方向，此处选择为正东方向。$o_e y_e$ 选择为正北方向，使该坐标系成为右手系。机器人坐标系原点选在机器车的重心。$o x_1$ 轴沿机器车运动方向并指向前方。$o z_1$ 轴垂直于 $o x_1$ 轴并指向上方。$o y_1$ 轴垂直于 $o x_1$ 轴和 $o z_1$ 轴，其方向使坐标系 $o x_1 y_1 z_1$ 成为右手系。图中，ψ 为机器人坐标系 $o x_1$ 轴与地面坐标系 $o_e x_e$ 轴的夹角，表示机器人的方向角。

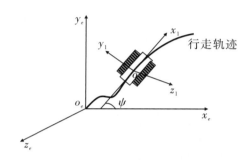

图 3-6　地面坐标系和车体坐标系

3.1.4.2　深海底采矿机器车运动学模型

考虑机器车在水平面转向时的运动模型，该模型是二维模型。当不考虑履带的滑移时，在地面坐标系 $o_e x_e y_e z_e$ 中，外侧履带的速度 v_o 和内侧履带的速度 v_i 分别是：

$$v_o = r\omega_o \qquad (3-15)$$

$$v_i = r\omega_i \qquad (3-16)$$

式中，r 表示主动轮半径，ω_o、ω_i 分别是外侧和内侧主动轮的角速度。当考虑到履带的滑移 i_o、i_i 时，则上面两式应改写为：

$$v_o = r\omega_o(1 - i_o) \qquad (3-17)$$

$$v_i = r\omega_i(1 - i_i) \qquad (3-18)$$

机器车的前进速度为：

$$v = \frac{v_o + v_i}{2} \qquad (3-19)$$

机器车转向的角速度可表述为：

$$\dot{\psi} = \frac{v_o - v_i}{B} \qquad (3-20)$$

式中，B 为履带中心距。

由式（3 – 19）和式（3 – 20）可得：

$$v_o = v + \dot{\psi}B/2 \qquad\qquad (3-21)$$

$$v_i = v - \dot{\psi}B/2 \qquad\qquad (3-22)$$

将车体速度 v 按 $o_e x_e$ 和 $o_e y_e$ 轴分解，并分别求积分，可得机器车质心的位置是：

$$x = \int v(t)\cos\psi(t)\,\mathrm{d}t \qquad\qquad (3-23)$$

$$y = \int v(t)\sin\psi(t)\,\mathrm{d}t \qquad\qquad (3-24)$$

机器车的方向角为：

$$\psi = \int \dot{\psi}\,\mathrm{d}t \qquad\qquad (3-25)$$

式（3 – 23）至式（3 – 25）为机器车的运动学模型。

3.1.5 深海底采矿机器车动力学模型

在 3.1.2 ～ 3.1.3 节分析的基础上，可以建立深海底采矿机器车的动力学模型。如图 3 – 6 所示，设机器车重心和几何中心重合，接地段的土壤特性为各向同性，履带接地段的负荷和土壤分布为均匀分布。

当机器车匀速转向时，有：

$$m\ddot{x} = F_o + F_i - R_i - R_o - R_w \qquad\qquad (3-26)$$

$$m\ddot{y} = 0 \qquad\qquad (3-27)$$

$$I_z \ddot{\psi} = M_Q - M_R \qquad\qquad (3-28)$$

式中，R ——车体阻力，N；F_o、F_i ——左右履带驱动力，N；M_Q ——转向驱动力矩，N·m；M_R ——转向阻力矩，N·m；I_z ——机器车 z 轴转动惯量，kg·m²。

各参数的计算如下：

由式（3 – 8）可得：

$$F_o = (Ac + W\tan\varphi)\left[1 - \frac{k}{i_o l}(1 - \mathrm{e}^{-i_o l/k})\right] + nb_2\left(\frac{1}{2}\gamma_s h_b^2 N_\varphi + 2ch_b\sqrt{N_\varphi}\right) \quad (3-29)$$

$$F_i = (Ac + W\tan\varphi)\left[1 - \frac{k}{i_i l}(1 - \mathrm{e}^{-i_i l/k})\right] + nb_2\left(\frac{1}{2}\gamma_s h_b^2 N_\varphi + 2ch_b\sqrt{N_\varphi}\right) \quad (3-30)$$

式中，i_o、i_i 分别为外侧履带和内侧履带的打滑率，第四章给出了基于 FUKF 滤波的估计方法。

由式（3 – 11）至式（3 – 12）可得，

$$R_i = R_{1i} + R_{2i} = \left(\frac{b}{2f} \Delta \tilde{z}_i^2 - \frac{be}{f} \Delta \tilde{z}_i \right) + \left(\frac{1}{2} r_s \Delta \tilde{z}_i^2 k_{pr} + c \Delta \tilde{z}_i k_{pc} \right) b \qquad (3-31)$$

$$R_o = R_{1o} + R_{2o} = \left(\frac{b}{2f} \Delta \tilde{z}_o^2 - \frac{be}{f} \Delta \tilde{z}_o \right) + \left(\frac{1}{2} r_s \Delta \tilde{z}_o^2 k_{pr} + c \Delta \tilde{z}_o k_{pc} \right) b \qquad (3-32)$$

式中，$\Delta \tilde{z}_i$、$\Delta \tilde{z}_o$ 表示左右履带的平均压陷深度，可由机器车左右履带上方安装的测高声呐实际测得。

R_w 的计算见式（3-13）。

机器车 z 轴转动惯量 I_z 定义为车体内各质点的质量 m_i 与它到转轴距离 r_i 平方的乘积之和，可用公式表示为：

$$I_z = \sum m_i r_i^2 \qquad (3-33)$$

转动惯量的值不仅与车体的质量有关，而且与车体相对于转轴的质量分布有关。质量分布离转轴越远，其转动惯量的值就越大。由定义不难看出，组合体对任一轴的转动惯量，等于各分体对该轴转动惯量之和。考虑到深海底采矿机器车在设计时为实现机器车的平稳下放和对地压力的平衡，质量设计为对称分布，本书将机器车的质量分布简化为平均分布，并将机器车 $x_1 y_1$ 平面分成 17×17 的点阵，近似计算深海底采矿机器车的转动惯量。

由式（3-33）得，

$$
\begin{aligned}
I_z &= \sum_{i=1}^{17} \sum_{j=1}^{17} m_{ij} r_{ij}^2 \\
&= \frac{M}{289} \sum_{i=1}^{17} \sum_{j=1}^{17} \left[\left((9-i) B_o / 17 \right)^2 + \left((9-j) B_o / 17 \right)^2 \right] \qquad (3-34) \\
&\approx \frac{1}{12} M (B_o^2 + L_o^2)
\end{aligned}
$$

式中，B_o 表示机器车的车体宽度，L_o 表示机器车的车体长度。

M_Q 的计算可表述为：

$$M_Q = \Delta F \cdot \frac{B}{2} = \left[(F_o - R_o) - (F_i - R_i) \right] \cdot \frac{B}{2} \qquad (3-35)$$

式中，B 为履带中心距。

转向阻力矩 M_R 的计算见式（3-10）。

将各参数的计算式代入式（3-26）至式（3-28）中，我们有：

$$
\frac{\mathrm{d}}{\mathrm{d}t}
\begin{bmatrix} \dot{x} \\ \dot{y} \\ \dot{z} \end{bmatrix}
=
\begin{bmatrix}
(F_o + F_i)/m - (R_i + R_o)/m - \gamma k_s s v / 2m \\
0 \\
\dfrac{B \left[(F_o + F_i) - (R_{ro} - R_{ri}) \right]}{2 I_z} - \dfrac{mgl\mu_l}{3 I_z} \\
0
\end{bmatrix}
\qquad (3-36)
$$

另外，再将式（3 – 23）至式（3 – 25）表示的运动学模型写成如下形式：

$$\frac{\mathrm{d}}{\mathrm{d}t}\begin{bmatrix} x \\ y \\ \psi \end{bmatrix} = \begin{bmatrix} \dfrac{v_o + v_i}{2}\cos\psi(t) \\ \dfrac{v_o + v_i}{2}\sin\psi(t) \\ \dfrac{v_o - v_i}{B} \end{bmatrix} \quad (3-37)$$

则方程组（3 – 36）和（3 – 37）就是深海底采矿机器车在水平地面上运动的动力学和运动学模型。

3.2　深海底采矿机器车液压驱动系统

深海底采矿机器车液压驱动系统采用两台高压电机分别驱动两台变量泵带两辅助泵系统。由于履带行走所需流量较大，而其他执行元件所需流量相对较小，主泵采用闭式系统提供履带行走马达或着地平衡装置螺旋桨马达所需压力和流量，辅助泵采用开式系统分别提供机器车马达破碎机和四个集矿头高压水泵及集矿头姿态调节液压缸所需压力和流量。

总体液压原理图见图 3 – 7。各种液压回路的构成分别为：

供油回路：两台液压马达分别驱动两条履带，功率大，压力高，因此采用主泵和溢流阀组成的供油回路。每台主泵上连接两辅助泵，分别与溢流阀组成供油回路，向集矿头水泵马达、破碎机油缸和排料油缸、履带张紧缸、集矿头升降缸和采矿头摆角缸供油。

调速回路：履带行走马达和螺旋桨马达的调速采用变量泵内部带有的电液比例阀调速。其余回路均采用流量阀调速。

平衡回路：采用单向节流阀使执行元件保持一定的背压，以便与重力负载平衡，防止液压缸急速下降和下坡时机器车跑车。

锁紧回路：采用双向液控单向阀锁紧，切断执行元件的进油口和出油口，使其定位在规定的位置上，并满足执行元件可靠、迅速、平稳、持久的要求。

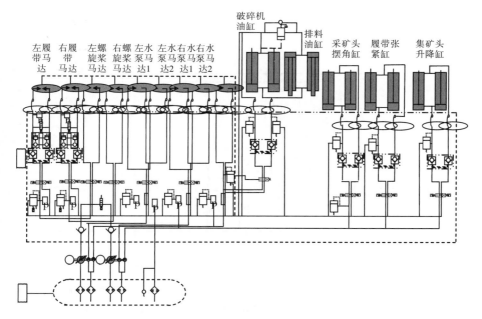

图 3 - 7   深海底采矿机器车液压原理图

3.2.1   深海底采矿机器车行驶驱动液压系统原理

深海底采矿机器车采用变量泵—定量马达驱动左右履带，构成容积调速闭式系统。其中液压油源自带补油泵，以补充回路中的泄漏和对闭式回路进行冷却，用比例阀控制变量泵的排量。在未达到设定压力时，液压马达处于最小排量；达到设定压力后，马达排量不变（保持为最大排量），此时可作为定量马达考虑，故此时只能靠调节泵的排量来改变马达转速。液压马达上装有转速传感器，可以对履带转速进行精确测控。左、右两个轴向柱塞变量泵分别驱动左右履带驱动轮的低速大扭矩液压马达，驱动左右履带行走。机器车左右履带的液压驱动结构基本相同，其单侧行走液压驱动结构如图 3 - 8 所示。

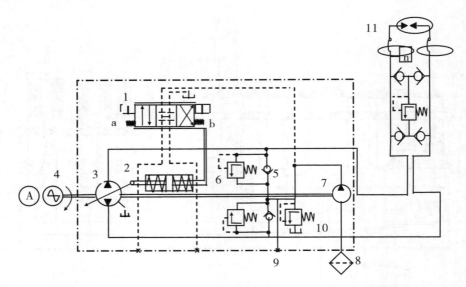

1－电液比例阀　2－变量机构　3－变量泵　4－交流电动机　5－补油单向阀
6－补油液流阀　7－补油泵　8－滤油器　9－系统压力测试点　10－低压溢流阀
11－履带马达

图3－8　深海底采矿机器车行走液压系统原理

　　电液比例阀、变量机构和变量泵共同构成了电液比例阀控制变量泵。其工作原理为：利用电—机械转换器来操纵变量泵的变量机构，利用电信号实现变量泵的变量功能。当输入电信号时，电信号经处理放大后向电液比例控制阀的电磁铁输入直流电流，电磁铁产生与输入电流成一定比例的电磁力，作用于电液比例阀的阀芯上，改变阀口的开口度，使变量机构的活塞杆左右移动，从而改变柱塞泵斜盘的倾角，使其排量发生变化。因此变量泵的排量能连续按比例地随输入信号的大小而改变。变量泵的排量直接调节进入定量马达的流量。因此，通过调节输入电信号的大小，改变电液比例阀的电流，便可以调节进入定量马达的流量，从而改变定量马达的转速，实现机器车左右履带速度的可调特性。

　　补油泵通过两个补油单向阀向变量泵的吸油腔补油，并使泵的吸油腔保持一定的压力以改善吸油状况，防止空气进入系统。补油泵的供油压力由低压溢流阀调节，单向阀使变量泵在换向过程中从油箱吸油。

　　当履带马达输出的轴上负载增加到一定程度时，系统高压回路通过系统溢流阀溢流到低压回路，对系统实现保护。

3.2.2 深海底采矿机器车行驶驱动液压系统模型研究

如图 3-8 所示，机器车行驶系统采用变量泵—定量马达的容积调速回路。其中，电控变量泵由电液比例方向阀以控制液压缸改变柱塞泵斜盘倾角的方式改变柱塞泵的排量，从而实现液压系统的流量控制。因此，变量泵的模型由电液比例方向阀模型，阀控液压缸模型，泵柱塞—流量模型三部分构成。深海底采矿机器车行驶驱动液压系统模型的构成如图 3-9 所示。

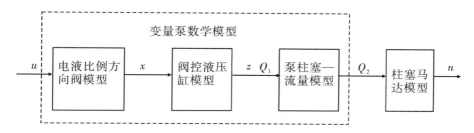

图 3-9　深海底采矿机器车行驶驱动液压系统模型构成

图中，u 为比例阀电压给定，x 为比例阀行程，Q_1 为进入变量泵内部控制液压缸的流量，z 为液压缸行程，Q_2 为变量泵输出流量，n 为液压马达转速。下文分别针对各子模型进行研究。

3.2.2.1　电液比例方向阀模型

图 3-10 为深海底采矿机器车变量泵所采用的比例方向阀的结构。其工作原理是螺线管两端施加电压控制信号，螺线管 5、6 产生电流，根据法拉第电磁感应定律，磁路内即产生磁场。阀芯在电磁力的作用下移动，与负载弹簧 3、4 一起共同作用，即可获得电压—力—位移线性转换。由于存在滞环和非线性等因素，实际设计中增加位移或力反馈以提高系统的动态响应。转换开关可实现三方向和两方向之间的转换。

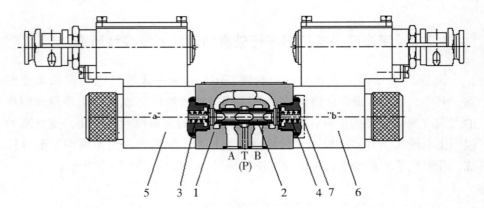

1 - 底座　2 - 阀芯　3、4 - 弹簧　5、6 - 螺线管　7 - 转换开关

图 3 - 10　比例方向阀示意图

其数学模型可建立为:

通过螺线管上的电压电流方程为:

$$u = L\frac{\mathrm{d}i}{\mathrm{d}t} + R_a i$$

作拉氏变换后为:

$$I(s) = \frac{1}{Ls + R_a}U(s) \tag{3 - 38}$$

式中, L ——线圈电感, H; R_a ——线圈与放大器的内阻, Ω 。

电磁力与电流之间的关系可以表示为

$$F_m = K_m i \tag{3 - 39}$$

比例阀衔铁组件由磁芯和阀芯组成, 忽略其上的液动力, 动力学方程为:

$$m\frac{\mathrm{d}^2 x}{\mathrm{d}t^2} + B\frac{\mathrm{d}x}{\mathrm{d}t} + K_s x = F_m$$

拉氏变换后为:

$$X(s) = \frac{F_m}{ms^2 + Bs + K_s} \tag{3 - 40}$$

式中, m ——衔铁组件的质量, kg; B ——系统的阻尼系数, N·s/m; K_s ——衔铁组件的弹簧刚度, N/m。

该型比例方向阀采用位置反馈以改善系统的输入输出线性度。系统的输入信号为电压 u , 反馈信号取自滑阀阀芯位移 x , 反馈系数为 K_t , 根据式 (3 - 38) 至式 (3 - 40), 则比例方向阀模型框图如图 3 - 11 所示。

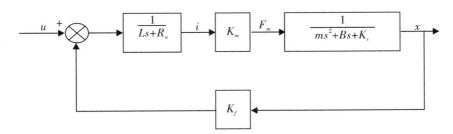

图 3 - 11　比例方向阀模型框图

3.2.2.2　阀控液压缸模型

阀控液压缸工作原理如图 3 - 12 所示。它由比例阀和液压缸组成，通过比例阀的行程决定进入液压缸的流量和运动方向。

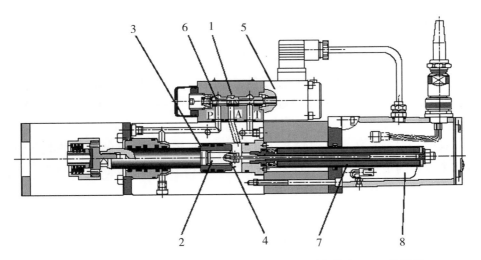

1 - 比例阀　2 - 液压油缸　3 - 液压缸油腔　4 - 油缸柱塞　5 - 螺线管
6 - 阀芯　7 - 油缸位置传感器　8 - 油缸位置检测线路
图 3 - 12　阀控液压缸工作原理

当阀做正向运动时，流进液压缸进油腔的瞬态流量为：
$$\Delta Q_1 = K_q \Delta x_v - 2K_G \Delta p_1 \qquad (3-41)$$
由液压缸回油流出的瞬态流量为：
$$\Delta Q_2 = K_q \Delta x_v + 2K_G \Delta p_2 \qquad (3-42)$$
式中，K_q——滑阀在稳定工作点附近的流量增益，（m³/s）/m；K_G——滑阀在稳定工作点附近的流量—压力系数，（m³/s）/Pa；Δx_v——滑阀的行程，m；Δp_1——液压缸进口压力变化值，Pa；Δp_2——液压缸出口压力变化值，Pa；式（3-41）和式（3-42）相减可得线性化的阀流量方程为：

$$\Delta Q_L = K_q \Delta x_v - K_G \Delta p_L \tag{3-43}$$

式中，

$$\Delta p_L = \Delta p_1 - \Delta p_2$$

$$\Delta Q_L = \frac{\Delta Q_1 - \Delta Q_2}{2}$$

液压缸的流量方程可表述为：

$$Q_L = A \frac{\mathrm{d}y}{\mathrm{d}t} + C_{tG} p_L + \frac{V_t}{4\beta_e} \cdot \frac{\mathrm{d}V p_L}{\mathrm{d}t} \tag{3-44}$$

式中，A——液压缸活塞面积，m^2；y——液压缸活塞位移，m；C_{tG}——液压缸的总泄漏系数，（m^3/s）/Pa；V_t——液压缸的容积，m^3；β_e——有效体积弹性模数，$\mathrm{N/m}^2$。

液压缸和负载的力平衡方程可表述为：

$$p_L = \frac{1}{A}(m \frac{\mathrm{d}^2 y}{\mathrm{d}t^2} + B_G \frac{\mathrm{d}y}{\mathrm{d}_v t} + Ky) + \frac{F}{A} \tag{3-45}$$

式中，m——活塞及负载的总质量，kg；B_G——活塞和负载的黏性阻尼系数，N/（m/s）；K——负载的弹簧刚度，N/m；F——作用在活塞上的任意外负载力，N。

式（3-43）、式（3-44）、式（3-45）是阀控液压缸的三个基本方程。这三个方程确定了阀控液压缸的动态特性。将式（3-43）、式（3-44）、式（3-45）进行拉氏变换可得：

$$Q_L = K_q x_v - K_G p_L \tag{3-46}$$

$$Q_L = Asy + (C_{tG} + \frac{V_t}{4\beta_e}s) p_L \tag{3-47}$$

$$p_L = \frac{1}{A}(ms^2 + B_G s + K)y + \frac{1}{A}F \tag{3-48}$$

由式（3-46）、式（3-47）、式（3-48）可得阀控液压缸的模型框图，如图3-13所示。

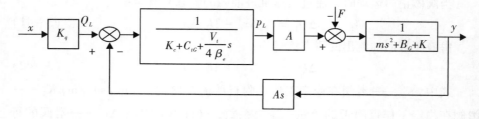

图3-13　阀控液压缸模型框图

3.2.2.3   泵柱塞—流量模型

图 3 – 14 所示为轴向柱塞泵的工作原理。泵由斜盘、缸体、柱塞、配油盘、传动轴等主要零件组成。斜盘和配油盘是不动的，传动轴带动缸体、柱塞一起转动，柱塞在其自下而上回转的半周内逐渐向外伸出，使缸体孔内密封工作腔容积不断增加，产生局部真空，从而将油液经配油盘上的配油窗口吸入；柱塞在其自上而下回转的半周内又逐渐向里推入，使密封工作腔容积不断减小，将油液从配油盘窗口向外压出。缸体每转一圈，每个柱塞往复运动一次，完成一次吸油和压油动作。改变斜盘的倾角 δ，可以改变柱塞往复行程的大小，从而改变泵的排量。在电控变量泵结构中，斜盘倾角 δ 的改变由阀控液压缸控制。

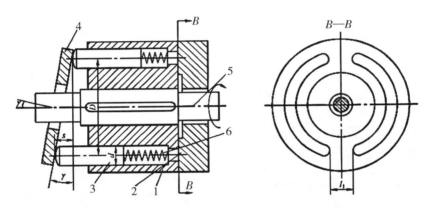

1 – 缸体 2 – 配油盘 3 – 柱塞 4 – 斜盘 5 – 传动轴 6 – 弹簧

图 3 – 14   轴向柱塞泵的工作原理

柱塞泵斜盘倾角 δ 与液压缸行程之间为线性关系，可表述为：

$$\delta = \frac{y}{L} \tag{3 – 49}$$

式中，L 表示变量泵活塞油缸施力点与斜盘铰接点之间的距离。

柱塞泵实际输出流量 Q 可用下式计算：

$$Q = \frac{\pi}{4} d^2 D \tan\delta z n \eta_v \tag{3 – 50}$$

式中，d ——柱塞直径，m；D ——柱塞分布圆直径，m；δ ——斜轴线与缸体轴线间的夹角，rad；z ——柱塞数；n ——泵转速，r/s；η_v ——泵的容积效率。

3.2.2.4 柱塞马达模型

深海底采矿机器车采用低速大扭矩马达驱动左右履带。该种马达为多作用内曲线径向柱塞马达。这种马达的结构如图 3 – 15 左图所示，是一种用具有特殊曲线的凸轮环，即内圈使每个柱塞在缸体每转一圈中往复运动多次的径向柱塞马达。由于柱塞多次作用工作，因此在同等排量下柱塞的行程大大减小，重量也大大减轻，又由于同一瞬间参与工作的柱塞多，单个柱塞受力小，因而耐压值增加。内曲线径向柱塞马达作用原理形成的最显著特点是径向尺寸小、重量轻、径向受力平衡、扭矩脉动小、压力高、扭矩大、启动效率高，是履带独立驱动中最优越的低速驱动方式。其工作原理如图 3 – 15 右图所示。当油沿一定方向进入缸体时，在高压油的作用下，各个柱塞群在同一时刻里在径向做不同的往复运动，由于凸轮环的特种曲面结构，柱塞端部的滚轮压向凸轮环轨导曲面，轨导曲面的反作用力通过滚轮中心，其切向力通过柱塞推动输出轴转动。柱塞在径向伸缩时还随同缸体一同旋转。

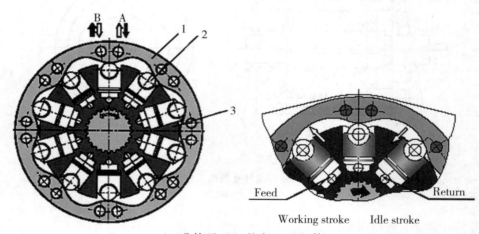

1 – 凸轮环 2 – 柱塞 3 – 缸体

图 3 – 15 轴向柱塞马达的结构和工作原理

对泵控马达系统进行分析，可得出下面三个基本方程：

液压马达的流量连续方程

$$Q_l = V_m \frac{\mathrm{d}\theta_m}{\mathrm{d}t} + C_{1m}p_l + \frac{V_t}{4k_e}\frac{\mathrm{d}p_l}{\mathrm{d}t} \tag{3-51}$$

泵控液压马达的动态力矩平衡方程

$$T_g = V_m p_l = J_t \frac{\mathrm{d}^2\theta_m}{\mathrm{d}t^2} + B_m \frac{\mathrm{d}\theta_m}{\mathrm{d}t} + G\theta_m + T_L \tag{3-52}$$

马达转速方程

$$w = \frac{\mathrm{d}\theta}{\mathrm{d}t} \tag{3-53}$$

式中：

V_m——液压马达的理论弧度排量，$\mathrm{m}^3/\mathrm{rad}$；$\theta_m$——液压马达转角，rad；$C_{1m}$——液压马达的总泄漏系数，$\mathrm{m}^5/(\mathrm{N}\cdot\mathrm{s})$；$p_l$——系统压力，Pa；$k_e$——系统的有效容积弹性系数，$\mathrm{N/m}^2$；$V_t$——液压马达两腔的总容积，$\mathrm{m}^3$；$T_g$——液压马达产生的理论转矩，$\mathrm{N}\cdot\mathrm{m}$；$G$——负载的扭转刚度，$\mathrm{N}\cdot\mathrm{m/rad}$；$J_t$——液压马达和负载的总惯量，$\mathrm{m}\cdot\mathrm{N}\cdot\mathrm{s}^2$；$T_L$——作用在马达轴上的外负载转矩，$\mathrm{N}\cdot\mathrm{m}$；$B_m$——负载和液压马达内部的总黏性阻尼系数；$\mathrm{m}\cdot\mathrm{N}\cdot\mathrm{s/rad}$。

分别对式（3-51）至式（3-53）进行拉氏变换并进行适当的变形得到

$$V_m \cdot s \cdot \theta_m + \left[C_{1m} + \frac{V_t}{4k_e}s \right]p_l(s) = Q_L(s) \tag{3-54}$$

$$V_m p_l(s) = (J_t s^2 + B_m s + G)\theta_m + T_L(s) \tag{3-55}$$

$$\varpi_m(s) = s \cdot \theta_m(s) \tag{3-56}$$

由上述方程组可得到如图3-16所示的柱塞马达模型框图。

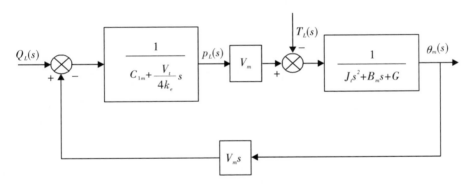

图 3-16　柱塞马达模型框图

3.2.2.5　单侧履带液压系统整体模型

将以上电液比例方向阀、阀控液压缸、液压泵和柱塞马达模型进行综合，可得深海底采矿机器车单侧履带液压驱动系统整体模型。系统整体模型如图3-17所示。由整体模型框图可看出，该系统为高阶、高非线性系统，系统结构复杂。为了在 MATLAB 中便于建模，采用子模块封装的方法，对各个子系统分别建模，在调试通过后再进行封装和联结。

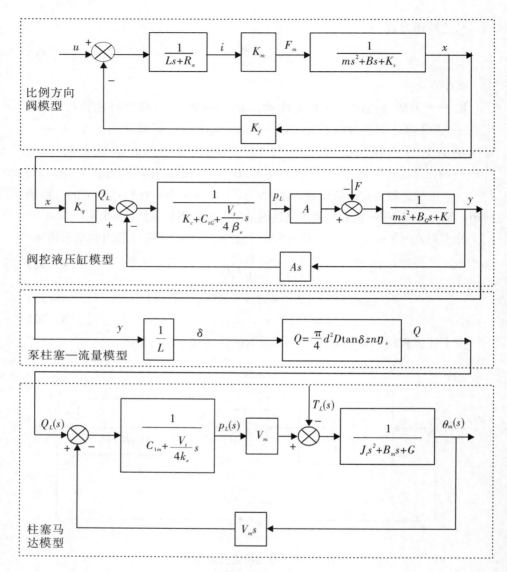

图 3-17　单侧履带液压系统整体模型

3.3　基于 MATLAB 的深海底采矿机器车建模及仿真研究

在上文分别对深海底采矿机器车地面行走系统和液压驱动系统进行建模的基础上，本节利用 MATLAB Simulink 工具箱，建立了深海底采矿机器车运动系统的整体模型，并取得了一些仿真结果。仿真结果验证了模型的有效性。

　　基于 Simulink 的深海底采矿机器车运动系统整体模型构成如图 3 – 18 所示。该模型由四个主要模块组成：左履带液压驱动系统、右履带液压驱动系统、车辆运动学模型和地面及环境阻力模型。整体模型的输入为左右履带液压驱动系统的比例阀电压给定，输出为机器车的 x 、y 方向坐标值，车体方位角，以及机器车的线速度和角速度。其中，左右履带液压驱动系统的输入为比例阀电压给定和根据地面及环境阻力模型计算得到的履带阻力矩，输出为左右驱动轮转速以及液压马达的进出口压差和马达输出转速；左右驱动轮转速乘以地面及环境阻力模型输出的左右履带打滑率得到左右履带的行驶速度；该值为车辆运动学模型的输入，由车辆运动学模型计算出机器车的 x 、y 方向坐标值，车体方位角，以及机器车的线速度和角速度。左右履带液压驱动系统模型和车辆运动学模型分别对应第四章的液压驱动系统模型和第三章的车辆运动学模型，是它们在 MATLAB Simulink 环境中的结构图实现。地面及环境阻力模型是第三章车体动力学模型的逆模型，以车体速度和角速度为输入，计算深海底采矿机器车以一定速度和一定角速度行驶于深海底特殊环境时所受的阻力和发生的打滑情况，并将阻力折算成液压马达的阻力矩输出，将左右履带打滑率乘以驱动轮转速计算得到左右履带的实际行驶速度。各个模块均采用子系统封装的方式实现，详细构成在下文给出。

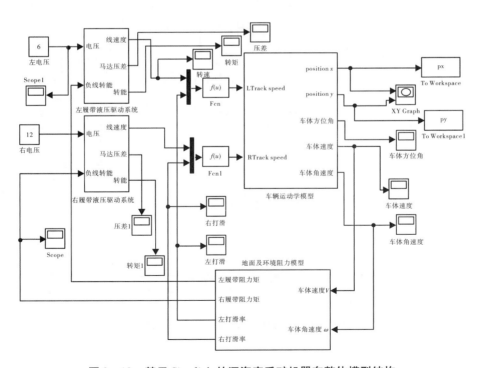

图 3 – 18　基于 Simulink 的深海底采矿机器车整体模型结构

3.3.1 左右履带液压驱动系统子模块 Simulink 实现及有效性验证

深海底采矿机器车左右履带驱动为两个相同且相互独立的泵控液压马达系统。因此，左右履带液压驱动系统模型完全相同，在此仅以左履带液压驱动系统模型为例进行详细介绍。

左履带液压驱动系统模型结构如图 3–19 至图 3–23 所示。图 3–20 至图 3–23 分别对应第四章所建电液比例阀、阀控液压缸、变量柱塞泵和定量柱塞马达的数学模型。

左履带液压驱动系统的电控变量泵和定量马达，所选产品分别为力士乐 A4VG180 电控变量泵和 MR7000–1 定量马达。A4VG180 电控变量泵的性能参数为排量 180mL/r，额定压力 40MPa，电控比例控制。MR7000–1 定量马达性能指标为排量 6.995L/r，转矩 111.39N·m/bar，额定工作压力为 35MPa，最高转速 130rpm，重量 750kg。

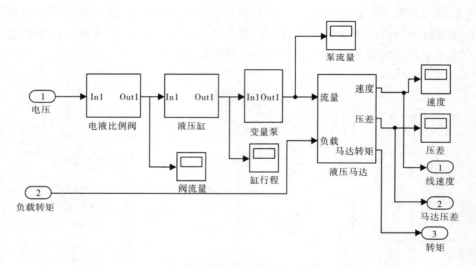

图 3–19　左履带液压驱动系统仿真结构图

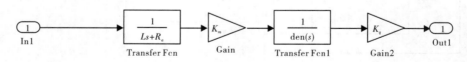

图 3–20　电液比例阀子系统仿真结构图

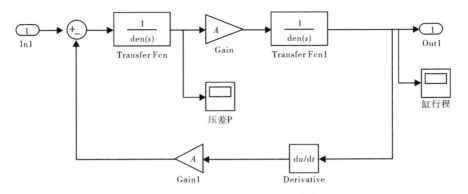

图 3 - 21 液压缸子系统仿真结构图

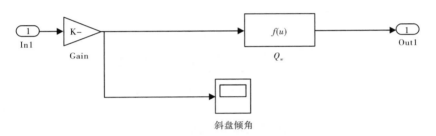

图 3 - 22 变量泵子系统仿真结构图

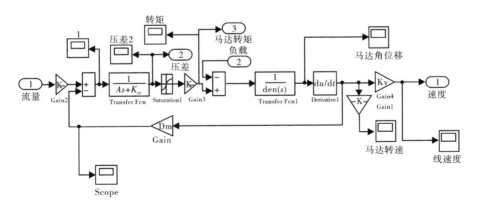

图 3 - 23 定量马达子系统仿真结构图

各个子系统建模所用参数见图 3 - 24 至图 3 - 27。

图 3 - 24　电液比例阀子系统仿真参数

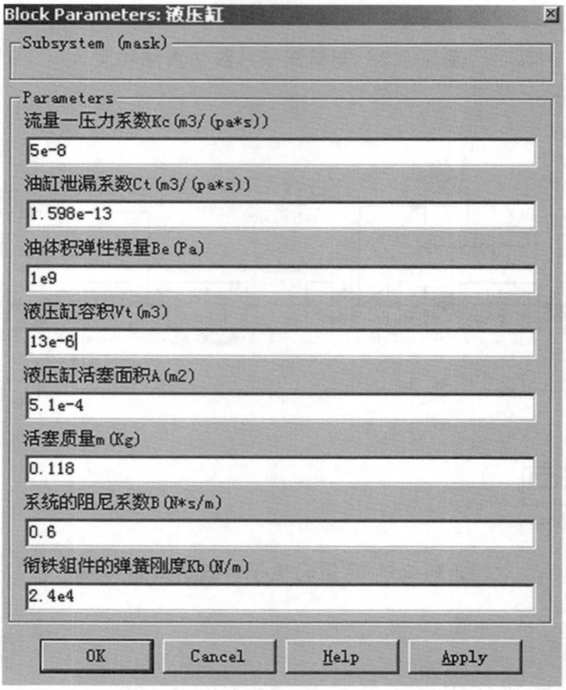

图 3 - 25　液压缸子系统仿真参数

Block Parameters: 变量泵
Subsystem (mask)
Parameters
柱塞直径d(m)
1.78e-2
柱塞分布圆直径D1(m)
0.03
柱塞数z
9
泵转速n(rpm)
1400
泵输出效率anv
0.95
OK
Cancel
Help
Apply

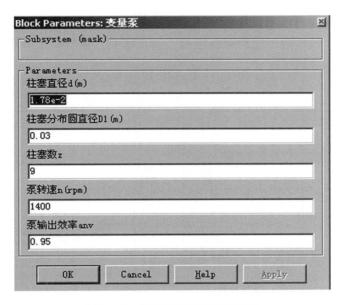

图 3－26　变量泵子系统仿真参数

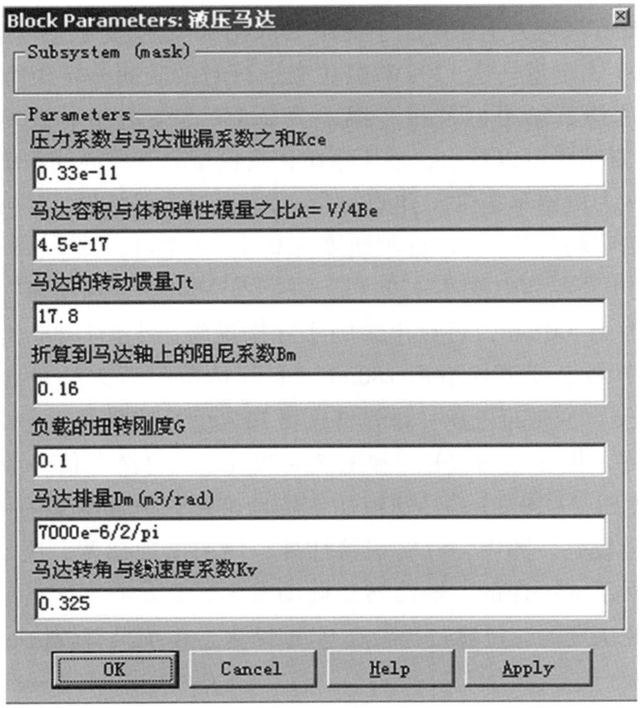

Block Parameters: 液压马达
Subsystem (mask)
Parameters
压力系数与马达泄漏系数之和Kce
0.33e-11
马达容积与体积弹性模量之比A= V/4Be
4.5e-17
马达的转动惯量Jt
17.8
折算到马达轴上的阻尼系数Bm
0.16
负载的扭转刚度G
0.1
马达排量Dm(m3/rad)
7000e-6/2/pi
马达转角与线速度系数Kv
0.325
OK
Cancel
Help
Apply

图 3－27　液压马达子系统仿真参数

为验证所建液压系统模型的有效性，采用以上仿真结构图和仿真参数，本书针对单个履带液压驱动系统进行了仿真研究，并与变量泵和低速大力矩马达性能曲线进行了比较。

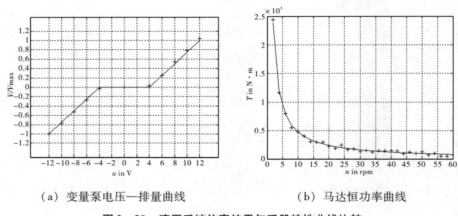

（a）变量泵电压—排量曲线　　　　（b）马达恒功率曲线

图 3 - 28　液压系统仿真结果与手册特性曲线比较

图 3 - 28 所示为力士乐产品手册中 A4VG180 电控变量泵电压—排量特性线和 MR7000 - 1 定量马达 120kW 恒功率运行时的转速—转矩特性线。"＋"号为泵和马达仿真结果，泵相对误差为 2.1%，马达相对误差的平均值为3.4%。从仿真结果可以看出，液压系统仿真模型具有较高的精度。

图 3 - 29 为机器车正常工作点液压系统动态仿真结果。实际系统当左右变量泵电压给定均为 7V 时，行驶速度为 0.5m/s 左右。图 3 - 33 的仿真结果同样为 7V 的电压给定。图 3 - 29（a）中，变量泵稳态输出流量为 95L/min，由于泵转速为 1 400rpm，可算出泵的实际排量为：$95 \times 1\ 000/1\ 400/0.95 \approx$ 71.428 6mL，考虑到泵排量为 180mL，实际排量与最大排量之比为 0.397。由图 3 - 28（a）变量泵电压—排量特性可知，仿真结果的稳态工作点与实际系统拟合较好。图 3 - 29（b）和图 3 - 29（c）的稳态值分别为 15rpm 和33kN·m，由图 3 - 28（b）马达恒功率特性可知，仿真结果的稳态工作点与实际马达拟合较好。图中，除转矩特性外，均未出现超调，这是由液压系统本身为欠阻尼系统决定的。输出转矩脉动较大，且具有一定的超调，这是由柱塞马达特性决定的。过渡过程约在 0.4s 结束，系统具有较快的响应速度。

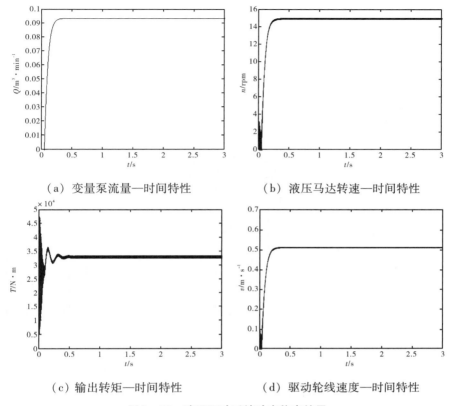

（a）变量泵流量—时间特性　　　　（b）液压马达转速—时间特性

（c）输出转矩—时间特性　　　　　（d）驱动轮线速度—时间特性

图 3 - 29　液压驱动系统动态仿真结果

3.3.2　深海底采矿机器车地面及环境阻力子模型及系统仿真

　　根据前面讨论的深海底采矿机器车动力学模型，我们在 MATLAB 中建立了深海底采矿机器车地面及环境子模型。模型结构如图 3 - 30 所示。图中，上半部分为根据地面参数和车体参数计算所得的左右履带阻力矩。下半部分为根据式（3 - 35）、式（3 - 2）对车体打滑率进行的反向计算。

　　该模型的输入为车体速度和车体角速度，以地面、环境参数，以及机器车几何参数、重量、转动惯量为已知条件，输出为折算成左右履带阻力矩的地面和环境阻力，以及左右履带的打滑率。深海底采矿机器车行走阻力的计算见式（3 - 11）至式（3 - 13）。由式（3 - 2）可知，机器车的驱动力取决于地面打滑率的大小。由于可由液压模型和运动学模型得出车体的加速度，由式（3 - 11）至式（3 - 13）可算出机器车运动阻力，由式（3 - 35）则可反算出车体的实际驱动力。将车体驱动力代入式（3 - 2），即可反算出左右履带的打滑率。

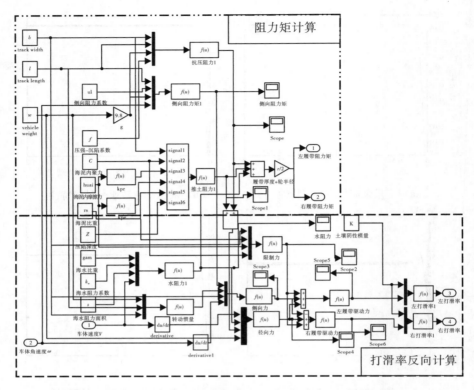

图 3 - 30　深海底采矿机器车地面及环境阻力模型仿真结构

表 3 - 1　机器车参数

履带 长度	履带 宽度	履刺 高度	履刺 齿矩	接地 面积	水阻力 面积	车体 质量	车体转动 惯量
l	b	h_b	d	A	A_2	m	I
6m	1.7m	130mm	200mm	10.2m²	11m²	11 000kg	57 750kg·m²

表 3 - 2　大洋矿区环境参数

矿区土壤 内聚力	土壤内 摩擦角	土壤刚 性模量	土壤正向 摩擦系数	土壤侧向 摩擦系数	土壤比重	海水密度	水阻力 系数
C	φ	K	μ_r	μ_l	γ_s	ρ	K_s
5.4kPa	6.2°	15cm	0.2	0.55	12.2kN/m³	1070g/m³	0.009kN·m/(kg·s)

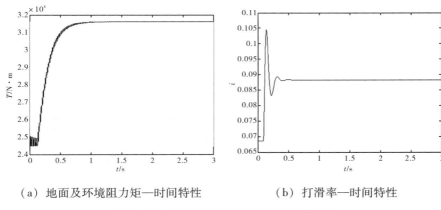

（a）地面及环境阻力矩—时间特性　　　　　（b）打滑率—时间特性

图 3 - 31　地面及环境阻力子模型仿真结果

图 3 - 31 为车速为 0.5m/s 时深海底环境履带阻力矩—时间特性和打滑率—时间特性仿真结果。由于左右履带变量泵电压给定相同，只给出了单侧的阻力矩和打滑率特性。图（a）中，初始阻力矩约为 25kN·m，表现为推土阻力和挤压阻力。随着速度的增加，阻力矩不断增大，最后约为 31.5kN·m，这是因为考虑了水阻力，水阻力与机器车速度成正比例关系。图（b）中，初始打滑率为 0.068，当水阻力不断增大时，克服阻力所需的牵引力相应增大，反映在打滑率上，表现为打滑率不断增大，稳态时等于 0.088，与通常地面的打滑率 0.05 相比较大，这是因为海底为特殊稀软底质。

3.3.3　深海底采矿机器车运动学模型及系统仿真

深海底采矿机器车运动学模型见式（3 - 23）至式（3 - 25）。根据该模型在 Simulink 中建立的仿真模型如图 3 - 32 所示。该模型以左右履带对地速度为输入，根据运动学模型计算出车体对地的线速度和角速度，并进一步以积分的方式计算出车体 x 轴、y 轴的坐标值及车体方位角。

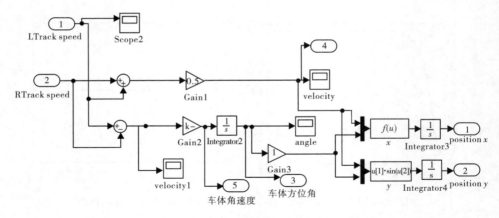

图 3-32 深海底采矿机器车运动学模型仿真结构

该模型只有一个参数：履带中心矩，取为 3.6m。

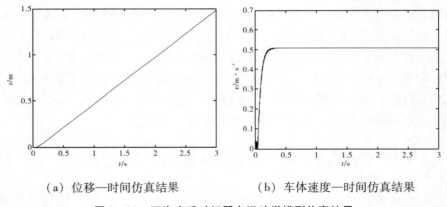

（a）位移—时间仿真结果　　（b）车体速度—时间仿真结果

图 3-33 深海底采矿机器车运动学模型仿真结果

图 3-33 为深海底采矿机器车运动学模型仿真结果。从图中可看出，系统整体响应较快，速度在 0.4s 左右即达到稳定状态，稳态仿真结果与实际系统 7V 电压给定 0.5m/s 速度的正常工作点一致。

3.4 小结

深海底采矿机器车的工作环境为深海底极限环境，为适应该种环境，对深海底采矿机器车进行相关特殊设计，它是一种工作在特殊环境中的特种履带车辆，其运动特性与普通陆地车辆存在很大差别。本章首先介绍了深海底采矿机器车作业环境和自身工作特性。在此基础上，采用地面力学理论，参考履带车辆动力学和运动学原理，建立了深海底采矿机器车运动学和动力学模型；采用液压驱动理论，建立了深海底采矿机器车液压驱动系统模型。在此基础上，采用 MATLAB 仿真工具，建立了深海底采矿机器车整体运动模型，并进行了仿真研究。

在仿真研究的过程中，首先以机器车所用变量泵和定量马达特性线为参考，对液压模型有效性进行了验证。然后，对机器车正常工作状态进行了仿真研究，得出了机器车各个运动参数的动态仿真曲线，并初步验证了模型的有效性，为机器车控制和关键参数辨识奠定了基础。

4 基于非线性滤波方法的深海底采矿机器车关键运动参数估计

深海底采矿机器车的工作区域为 6 000 米深海底,车体方位角可由磁罗盘测量得到。由于缺乏有效的高精度测量手段,左右履带速度由车体驱动轮安装的磁感应编码器测量驱动轮角速度乘以驱动轮有效半径再减去打滑造成的速度损失得到;车体角速度则由估算所得的左右履带速度根据运动学模型计算得出。车体速度、车体位置的准确估计均有赖于左右履带速度的准确估算。然而,由于深海底稀软底质的不均匀特性,打滑率、驱动轮有效半径等履带速度计算所需的关键运动参数变化大且难以在线测量。因此,左右履带驱动轮有效半径、左右履带打滑率等关键运动参数的准确测量是车体状态准确估计并进一步实现精确控制的必要条件。

本章从深海底采矿机器车运动机理分析出发,针对机器车关键运动参数估计问题,以左右履带驱动马达油压、左右履带沉陷深度等可观测量作为输入,以左右履带打滑率、驱动轮有效半径等不易直接观测量作为输出,建立了深海底采矿机器车关键运动参数在线估计模型;在深入研究非线性滤波算法的基础上,提出了一种改进的 SUKF 算法——FSUKF 算法,实现了对机器车关键运动参数的有效估计。

4.1 深海底采矿机器车关键运动参数估计模型

在 6 000 米深的海底,精确全局定位的方法极其有限。由于电磁波在水中衰减的速度极快,陆上广泛应用的 GPS 定位系统不能应用。目前,广泛应用的水下定位系统有基于声学的长基线定位系统和短基线定位系统,其中长基线定位系统的定位精度较高。然而,长基线定位系统要求在海底精确放置 3 ~ 4 个应答器,在无任何干扰的情况下,随机器车所处位置的不同,其定位精度在 0.01 ~ 10m 范围变化。采矿机器车控制精度要求达到 ±1m,全局定位精度不能满足精确控制的需要。目前,机器车对自身位置和速度的测量主要通过基于左右驱动轮角速度测量的轨迹推算实现。所谓轨迹推算,即由式(3 - 16)至式(3 - 24),运用机器车运动学模型,通过测量左右驱动轮角速度,采用积分的方法获得车体速度和位置。由式（3－16）～式（3－24）可看出，在准确测量驱动轮角速度和角加速度的前提下，左右驱动轮半径 r_o、r_i，以及左右履带打滑率 i_o、i_i 是影响轨迹推算精度的关键运动参数。

然而，在机器车运动过程中，左右驱动轮半径 r_o、r_i，以及左右履带打滑率 i_o、i_i 并不是静态参数，往往随着车体运动状态的改变而改变。具体表现在：

（1）r_o、r_i 并不是严格意义上的驱动轮半径，实际上应加上履带板的厚度和未陷入土壤的部分履齿的高度。由于深海底沉积物的稀软和不均匀特性，机器车在不同土壤中的压陷程度不同。由于深海底采矿机器车为特殊设计的高尖三角齿履带车辆，r_o、r_i 在不同性质海底沉积物底质运行时，存在显著的变化。

（2）若将电机驱动力考虑为无穷大，则履带车最大驱动力由地面参数决定。由式（3－3）可知，若要保证履带车在不同的地面具有相同的驱动力，则打滑率 i_o、i_i 须具有不同数值。深海底采矿机器车运行于极稀软且具有不均匀特性的海底沉积物，直线行走时打滑率比通常地面车辆大很多且波动较大，转向时更会发生显著变化。

因此，实现对以上关键参数的准确在线估计，是实现深海底采矿机器车运动状态准确估计的前提和保障。

4.1.1 左右履带打滑率在线计算模型

对履带车辆来讲，左右履带打滑率的在线计算是一个较为困难的问题。易小刚、焦生杰、刘正富[1]从理论推导的角度对全液压履带推土机额定滑转率进行了计算；张京开[2]，戴学民[3]，贾建章、邵明亮、董立军[4]分别讨论了履带车辆滑转率试验测量方法和提高测量精度的问题。然而，上述文献讨论范围均限于离线检测范畴。本书从全液压履带车辆液压驱动系统原理出发，提出了一种履带打滑率的在线计算方法。

由式（3－51）可知，液压马达进出口压差 p_l 与马达驱动力矩 T_g 呈正比例关系，则负载转矩 T_l 可表述为：

① 易小刚，焦生杰，刘正富. 全液压推土机关键技术参数研究. 中国公路学报，2004，17（2）：119－123.
② 张京开. 拖拉机田间滑转率测定的理论探讨. 农业质量与监督，1996（1）：11－12.
③ 戴学民. 履带推土机整体性能试验中的几个问题. 工程机械，1997（8）：13－15.
④ 贾建章，邵明亮，董立军. 车轮瞬时滑转率的测量和提高处理精度的方法. 汽车研究与开发，1998（5）：30－32.

$$T_l = V_m p_l - J_t \dot{\omega}_m - B_m \omega_m - G\theta_m \tag{4-1}$$

T_l 作用于机器车驱动轮，表现为履带的驱动力。即

$$T_{lo} = r_o \cdot F_o \tag{4-2}$$

$$T_{li} = r_i \cdot F_i \tag{4-3}$$

由式（3－3）和式（3－1）可得：

$$F = F_{\max} \cdot \left[1 - \frac{k}{il}(1 - e^{-il/k}) \right]$$

对应左右履带，有：

$$F_o = F_{\max} \cdot \left[1 - \frac{k}{i_o l_o}(1 - e^{-i_o l_o/k}) \right] \tag{4-4}$$

$$F_i = F_{\max} \cdot \left[1 - \frac{k}{i_i l_i}(1 - e^{-i_i l_i/k}) \right] \tag{4-5}$$

则由式（4－1）、式（4－2）、式（4－4）可得：

$$1 - \frac{k}{i_o l_o}(1 - e^{-i_o l_o/k}) = \frac{V_m p_{lo} - J_{to} \dot{\omega}_{mo} - B_m \omega_{mo} - G\theta_{mo}}{F_{\max} \cdot r_o} \tag{4-6}$$

由式（4－1）、式（4－3）、式（4－5）可得：

$$1 - \frac{k}{i_i l_i}(1 - e^{-i_i l_i/k}) = \frac{V_m p_{li} - J_{ti} \dot{\omega}_{mi} - B_m \omega_{mi} - G\theta_{mi}}{F_{\max} \cdot r_i} \tag{4-7}$$

式（4－6）和式（4－7）右侧均为可测参数，因此可认为是左右打滑率的测量方程。然而，如果直接采用该式对左右打滑率倒推计算，方程左侧的计算甚为复杂。考虑到机器车打滑率在 0.05～0.2 之间变化，土壤刚性模量 k 在 0.05～0.25m 范围内变化，履带长度 $l = 6\,\text{m}$。经多次试验，$1 - \frac{k}{il}(1 - e^{-il/k})$ 可简化为：

$$e^{-il/k} - 0.03 \tag{4-8}$$

图 4－1 为采用式（4－8）近似式（4－6）与式（4－7）左侧计算所得的误差曲线。图中，打滑率 i 变化范围取 5%～30%，土壤刚性模量 k 分别取 0.05m、0.15m 和 0.25m。从图中可看出，近似误差不超过 3%。说明采用式（4－8）近似式（4－6）与式（4－7）左侧是可以接受的。

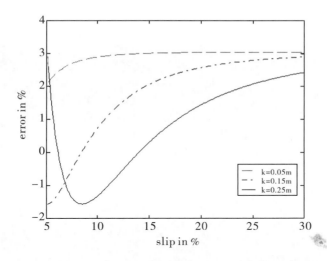

图 4 - 1　用式（4 - 8）近似式（4 - 6）与式（4 - 7）左侧计算所得的误差曲线

将式（4 - 8）代入式（4 - 6）、式（4 - 7）并简单计算，可得基于车体动力学的左右履带打滑率在线计算模型：

$$i_o = -\frac{k}{l} \cdot \ln\left(\frac{V_m p_{lo} - J_{to}\dot{\omega}_{mo} - B_m\omega_{mo} - G\theta_{mo}}{F_{max} \cdot r_o} + 0.03\right) \qquad (4-9)$$

$$i_i = -\frac{k}{l} \cdot \ln\left(\frac{V_m p_{li} - J_{ti}\dot{\omega}_{mi} - B_m\omega_{mi} - G\theta_{mi}}{F_{max} \cdot r_i} + 0.03\right) \qquad (4-10)$$

4.1.2　履带驱动轮有效半径在线计算模型

深海底采矿机器车左右履带中部分别安装了一个测距声呐测量左右履带沉陷深度（见图 4 - 2），因此，履带驱动轮在线估计模型可按下述方法建立。

令驱动轮实际半径为 r_1，履带板厚度与履齿高度之和为 r_2，测高声呐测得左右履带沉陷深度分别为 r_{3o}、r_{3i}，则左右履带驱动轮半径 r_i、r_o 在线估计值可表述为：

$$r_o = r_1 + r_2 - r_{3o}/2 \qquad (4-11)$$

$$r_i = r_1 + r_2 - r_{3i}/2 \qquad (4-12)$$

式（4 - 11）与式（4 - 12）即构成左右履带驱动轮半径的在线测量模型。

1 - 测高声呐　2 - 车架　3 - 履带

图 4 - 2　履带沉陷声呐安装示意图

4.1.3　深海底采矿机器车关键运动参数非线性估计模型

本章 4.1.1、4.1.2 小节分别给出了左右履带打滑率和驱动轮有效半径的在线计算方法。然而，考虑到深海底沉积物的极稀软、不均匀变化特性以及海底存在的各种复杂干扰信号，有必要采用统计滤波手段，实现测量信号的最优无偏估计。为此，本节构造了深海底采矿机器车关键运动参数的在线估计模型。

将式（4 - 9）~式（4 - 12）离散化，并取适当状态变量，可得到深海底采矿机器车左右履带关键运动参数非线性估计模型：

$$x(k) = f[x(k-1), u(k-1), v(k-1), k-1]$$

$$= \begin{bmatrix} -\dfrac{k}{l} \cdot \ln\left(\dfrac{v_m x_4(k-1) - J_t u_1(k) - B_m u_2(k) - G x_3(k-1)}{F_{\max} x_2(k-1)}\right) + 0.03 \\ r_1 + r_2 - \dfrac{x_5(k-1)}{2} \\ x_3(k-1) + \Delta T u_2(k) \\ x_4(k-1) \\ x_5(k-1) \end{bmatrix}$$

$$(4 - 13)$$

$$y = \begin{bmatrix} x_4 & x_5 \end{bmatrix}^{\mathrm{T}} \qquad (4-14)$$

式中，对应左右履带，其输入 u_o、u_i 和状态变量 x_o、x_i 分别为：

$$u_o = \begin{bmatrix} \dot{\omega}_o & \omega_o \end{bmatrix} \qquad (4-15)$$

$$u_i = \begin{bmatrix} \dot{\omega}_i & \omega_i \end{bmatrix} \qquad (4-16)$$

$$x_o = \begin{bmatrix} i_o & r_o & \theta_o & p_{lo} & r_{3o} \end{bmatrix}^{\mathrm{T}} \qquad (4-17)$$

$$x_i = \begin{bmatrix} i_i & r_i & \theta_i & p_{li} & r_{3i} \end{bmatrix}^{\mathrm{T}} \qquad (4-18)$$

式（4-13）至式（4-18）共同构成了深海底采矿机器车关键运动参数 r_o、r_i、i_o、i_i 的非线性估计模型。

4.2 基于 UKF 滤波算法的深海底采矿机器车关键运动参数估计研究

卡尔曼于 1960 年提出的卡尔曼滤波理论，标志着现代滤波理论的建立。经典卡尔曼假设系统为线性的，并且由于要计算 Riccati 方程，对高维系统计算量较大。经过近半个世纪的发展，滤波理论取得了长足的发展，各种基于非线性系统的滤波算法日益得到广泛研究。其中，UKF（Unscented Kalman Filter）方法直接使用系统的非线性模型，不像 EKF 方法那样需要对非线性系统线性化，也不像一些二次滤波方法那样需要计算 Jacobian 或者 Hessians 矩阵，具有和 EKF 方法相同的算法结构，且对于非线性系统，可得到比 EKF 算法更好的估计，因此更适用于对强非线性系统的滤波处理。不难看出，深海底采矿机器车关键参数估计模型为强非线性系统，难以用普通 Kalman 算法求解。因此，本书深入研究了 UKF 滤波算法，提出了一种改进的 UKF 滤波算法，进行了仿真研究，取得了较好的仿真结果。

4.2.1 UKF 方法研究

UKF 是由 Julier 于 1997 年提出的一种改进的 Kalman 滤波算法。由于 EKF 仅使用台劳级数的一阶展开对非线性方程的线性化，当系统具有高度非线性时，对高阶项的忽略会带来较大的估计误差。UKF 基于"与对非线性函数的近似相比，对随机分布的近似要简单得多"的思想，对状态变量的随机分布进行近似，直接使用系统的非线性模型进行估计。在 UKF 滤波算法中，将状态变量的随机分布考虑为高斯分布，使用 UT 变换确定性选择样本点，以满足系统的均值和方差要求，直接采用非线性系统模型估计，对任意非线性系统，估计结果可精确到台劳二阶近似以上，只有在三阶以上才会带来估计误差，计算代价与 EKF 算法基本相同。在 UKF 算法中，UT 变换是其核心和基础。

4.2.1.1　UT 变换与 SUT 变换

UT 变换是一种计算随机变量非线性变换后统计特性的方法。设随机状态向量 x 的非线性估计模型为：

$$y = g(x) \qquad\qquad (4-19)$$

此处 x 是均值为 $\bar{x}$ 和方差为 P_x 的 n_x 维高斯随机向量，则 y 的统计特性可以通过下述的 UT 变换获得。

按以下规则选择 $2n_x + 1$ 个具有权重 W_i 的点，构成 Sigma 集合 $S_i = \{W_i, X_i\}$，以使其分布均值和方差与随机向量 x 的均值和方差一致。

$$
\begin{aligned}
X_0 &= \bar{x} & W_0 &= k/(n_x + k) & i &= 0 \\
X_i &= \bar{x} + (\sqrt{(n_x + k)P_x})_i & W_i &= 1/\{2(n_x + k)\} & i &= 1, \cdots, n_x \\
X_i &= \bar{x} - (\sqrt{(n_x + k)P_x})_i & W_i &= 1/\{2(n_x + k)\} & i &= n_x + 1, \cdots, 2n_x
\end{aligned}
$$

$$\qquad\qquad (4-20)$$

式中，k 是一个标量，用于控制每个点到均值的距离（scaling，尺度），P_x 为协方差矩阵，$(\sqrt{(n_x + k)P_x})_i$ 表示矩阵 $(n_x + k)P_x$ 平方根的第 i 列。W_i 表示每一点的权重，并满足以下条件：

$$\sum_{i=0}^{2n_x} W_i = 1 \qquad\qquad (4-21)$$

每一 Sigma 点均可通过式（4-19）求得对应的输出：

$$Y_i = g(X_i) \qquad i = 0, \cdots, 2n_x \qquad\qquad (4-22)$$

y 的均值和协方差矩阵可通过下述公式计算：

$$\bar{y} = \sum_{i=0}^{2n_x} W_i Y_i \qquad\qquad (4-23)$$

$$P_y = \sum_{i=0}^{2n_x} W_i (Y_i - \bar{y})(Y_i - \bar{y})^{\mathrm{T}} \qquad\qquad (4-24)$$

式（4-23）、式（4-24）对任意非线性系统均值和方差的估计精确到台劳级数的二阶展开，高阶部分会带来误差，但可以通过对尺度参数 k 的选择减小误差。通常，EKF 滤波只能精确到台劳级数的一阶展开。UT 变换和 EKF 线性化性能比较见图 4-3。

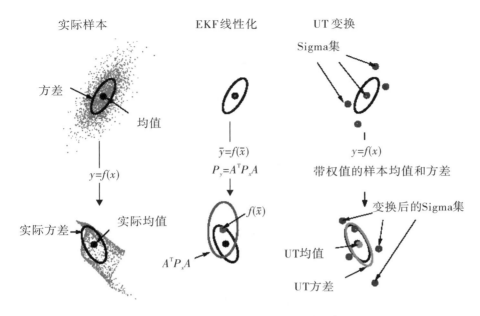

图 4 - 3　UT 变换与 EKF 线性化的比较

由图中可看出，与 EKF 估计偏差相比，UT 变换的估计偏差要小得多。

然而，按式（4 - 20）选定的 Sigma 集具有以下缺点：由于 W_i 表示 Sigma 集均值点的距离，当状态向量维数上升时，Sigma 集的半径也随之增加；由于 Sigma 点均为对称分布，当半径增加时，高阶非线性带来的误差愈加显著，导致这类代表点的代表性会有所下降，即尽管仍然保持着与随机向量相同的均值和方差，但其 MSE 误差越来越大。

为了解决这个问题，Julier 提出了 SUT（Scaled UT）变换。SUT 变换通过引入附加的控制参数来解决上述问题。SUT 选择的 Sigma 集合为：

$$X_0 = \bar{x}$$
$$X_i = \bar{x} + \left(\sqrt{(n_x + \lambda)P_x} \right)_i \qquad i = 1, \cdots, n_x$$
$$X_i = \bar{x} - \left(\sqrt{(n_x + \lambda)P_x} \right)_i \qquad i = n_x + 1, \cdots, 2n_x \qquad (4-25)$$
$$W_0^{(m)} = \lambda / (n_x + \lambda)$$
$$W_0^{(c)} = \lambda / (n_x + \lambda) + (1 - \alpha^2 + \beta)$$
$$W_i^{(m)} = W_i^{(c)} = 1 / \{2(n_x + \lambda)\} \qquad i = 1, \cdots, 2n_x \qquad (4-26)$$

式中，$\lambda = \alpha^2(n_x + k) - n_x$ 是一个标量，由于引进了 α 用于调整 Sigma 集到均值点的距离，引进了 β 用于融入随机向量 x 的先验信息，所以 SUT 变换可有效降低高阶误差。

在 SUT 变换中，y 的均值和方差按下式计算：

$$Y_i = g(X_i) \qquad\qquad i = 0,1,\cdots,2n_x \qquad\qquad (4-27)$$

$$\bar{y} = \sum_{i=0}^{2n_x} W_i^{(m)} Y_i \qquad\qquad (4-28)$$

$$P_y = \sum_{i=0}^{2n_x} W_i^{(c)} \{ Y_i - \bar{y} \} \{ Y_i - \bar{y} \}^{\mathrm{T}} \qquad\qquad (4-29)$$

4.2.1.2 SUKF 算法

SUKF 算法的思想为：在将数据点经过 SUT 变换后，直接应用最小均方差估计算法。具体步骤为：

设非线性系统

$$x_{k+1} = f(x_k, v_k, n_k)$$
$$y_k = h(x_k)$$

这里，x_k 为 n_x 维的系统观测，v_k 为 n_v 维的系统噪声，y_k 为 n_y 维的系统观测，n_k 为 n_n 维的观测噪声。并设 v_k 为高斯白噪声，协方差矩阵为 Q ；n_k 为高斯白噪声，协方差矩阵为 R ；且 v_k 与 n_k 不相关。其初始分布的均值为 $\bar{x}_0$ ，方差矩阵为 p_0 。令 $n_a = n_x + n_v + n_n$ ，则有：

（1）模型初始化：

$$\bar{x}_0 = E[x_0]$$
$$P_0 = E[(x_0 - \bar{x}_0)(x_0 - \bar{x}_0)^{\mathrm{T}}]$$
$$\bar{x}_0^a = E[x^a] = [\bar{x}_0^{\mathrm{T}} \ 0 \ 0]^{\mathrm{T}}$$

$$P_0^a = E[(x_0^a - \bar{x}_0^a)(x_0^a - \bar{x}_0^a)^{\mathrm{T}}] = \begin{bmatrix} P_0 & 0 & 0 \\ 0 & Q & 0 \\ 0 & 0 & R \end{bmatrix}$$

（2）循环迭代：

$$\text{for } t = 1,2,\cdots$$

①计算 Sigma 点：

$$X_{t-1}^a = \begin{bmatrix} \bar{x}_{t-1}^a & \bar{x}_{t-1}^a \pm \sqrt{(n_a + \lambda) P_{t-1}^a} \end{bmatrix}$$

②时间更新：

$$X_{t|t-1}^x = f(X_{t-1}^x, X_{t-1}^v)$$

$$\tilde{x}_{t|t-1} = \sum_{i=0}^{2n_a} W_i^{(m)} X_{i,t|t-1}^x$$

$$P_{t|t-1} = \sum_{i=0}^{2n_a} W_i^{(c)} [X_{i,t|t-1}^x - \bar{x}_{t|t-1}][X_{i,t|t-1}^x - \bar{x}_{t|t-1}]^{\mathrm{T}}$$

$$Y_{t|t-1} = h(X_{t|t-1}^x, X_{t-1}^n)$$

$$\tilde{y}_{t|t-1} = \sum_{i=0}^{2n_a} W_i^{(m)} Y_{i,t|t-1}$$

③测量更新：

$$P_{\tilde{y}_t \tilde{y}_t} = \sum_{i=0}^{2n_a} W_i^{(c)} [Y_{i,t|t-1} - \tilde{y}_{t|t-1}][Y_{i,t|t-1} - \tilde{y}_{t|t-1}]^T$$

$$P_{x_t y_t} = \sum_{i=0}^{2n_a} W_i^{(c)} [X_{i,t|t-1} - \tilde{x}_{t|t-1}][Y_{i,t|t-1} - \tilde{y}_{t|t-1}]^T$$

$$K_t = P_{x_t y_t} P_{\tilde{y}_t \tilde{y}_t}^{-1}$$

$$\tilde{x}_t = \tilde{x}_{t|t-1} + K_t(y_t - \tilde{y}_{t|t-1})$$

$$P_t = P_{t|t-1} - K_t P_{\tilde{y}_t \tilde{y}_t} K_t^T$$

4.2.2　改进的 SUKF 算法——FSUKF 算法

SUT 变换引入 α 用于调整 Sigma 集到均值点的距离，引入 β 用于融入随机向量 x 的先验信息，因此可有效降低高阶误差。然而，尽管有研究[①]给出了当 x 满足高斯正态分布时，β 的取值为 3，并给出 α 的范围为 0～1；α 在实际 SUKF 的算法中取值只能采用试凑的方法，且始终取相同数值。本节对上述方法进行了改进，提出了一种在线调整 α 的方法。

在引入 α 后，

$$\bar{x} \approx E[\tilde{x}]$$

$$\mathrm{cov}(x) \approx \alpha^2 E[(\tilde{x} - E[\tilde{x}])(\tilde{x} - E[\tilde{x}])^T]$$

α 主要用来修正二阶以上误差。由于状态变量 x 实际值与估计值误差难以在线测量，本书采用测量均方差作为 α 的调节判据，并构造了模糊控制器实现在线调节。

定义 $r_k = \frac{1}{k} \sum_{i=1}^{k} (y_i - \tilde{y}_i)(y_i - \tilde{y}_i)^T$ 为第 k 步迭代测量均方差。现设有如图 4-4 所示的隶属函数，它表示输入测量均方差 r_k 在论域上的模糊子集 A_i 的隶属度，表明当测量均方差 r_k 属于模糊子集 A_i 时，相应的测量数据 x_k 是无效的可能性为 p_i。其中：$\pm \sigma_i$，$i=1, 2, \cdots, n$，$n+1$ 表示测量均方差 r_k 的坐

① JULIER S J, UHLMANN J K. The scaled unscented transformation. American control conference, 2002, 6: 4555-4559.

标；μ_i，$0 \leqslant \mu_i \leqslant 1$ 表示测量均方差 r_k 属于模糊子集 A_i 的隶属度；p_i 表示测量数据是无效的可能性。

然后有模糊推理规则为：如果测量均方差 r_k 属于 A_i，即指测量数据是无效数据的可能性是 p_i，那么

$$\alpha = f(p_i)$$

从而可根据测量数据的好坏程度 p_i 推理加权于 Sigma 点距离的系数。当测量均方差的均值为零时表明正在进行最优估计，α 应为 1 ；当测量均方差均值远远偏离零值时，该测量时刻的数据视为无效，则 α 为零；其余情况 $0 < \alpha < 1$，用以调整 Sigma 点距离，使系统理想模型与实际模型更接近。

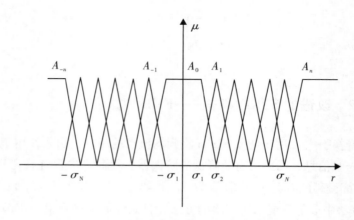

图 4 - 4　测量均方差在论域上的隶属度函数

其算法步骤为：

（1）根据状态变量维数的大小初步选择 $\alpha \in [0, \ 1]$ ；

（2）执行常规的 SUKF 算法，见 4.2.1.2 ；

（3）计算 $r_k = \dfrac{1}{k} \displaystyle\sum_{i=1}^{k} (y_i - \tilde{y}_i)(y_i - \tilde{y}_i)^{\mathrm{T}}$ 作为模糊调节器的输入；

（4）根据模糊规则对加权系数 α 进行修改；

（5）重复步骤（2）、（3）、（4）进行下一时刻的估计。

为验证该算法的有效性，我们根据 Julier S. J. [1] 的例子，分别采用 SUKF 算法和改进的 SUKF 算法进行了仿真研究。

在非线性滤波的性能比较中，Mackey-Glass 时间序列模型是广泛使用的一个例子。因此，这里采用该模型来比较 SUKF 算法和 FSUKF 滤波方法的性能。

---

① JULIER S J, Unscented filtering and nonlinear estimation. Proceedings of the IEEE, 2004, 92 (3)：401 - 422.

Mackey-Glass 时间序列模型为：

系统方程：$x_k = f(x_{k-1}, \cdots, x_{k-M}) + v_k$

观测方程：$y_k = x_k + n_k$

这里，$f(x_{k-1}, \cdots, x_{k-M}) = \dfrac{0.2x_{k-17}}{1 + x_{k-17}^{10}} - 0.1x_k$，$v_k$ 为系统噪声，是均值为 0、方差为 1 的高斯白噪声，n_k 为系统噪声，是均值为 0、方差为 0.5 的高斯白噪声。

分别采用 SUKF 和 FSUKF 进行仿真研究，仿真结果如图 4 - 5、图 4 - 6、表 4 - 1 所示。

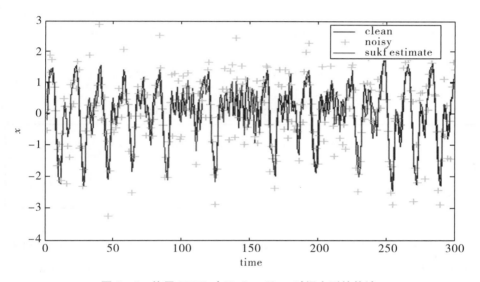

图 4 - 5　使用 SUKF 对 Mackey-Glass 时间序列的估计

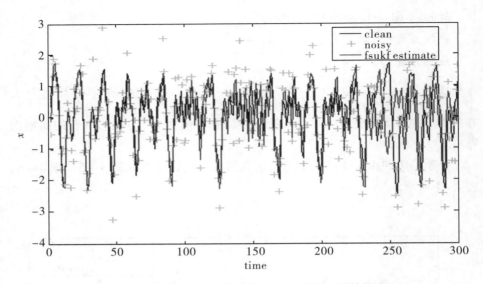

图 4 – 6　使用 FSUKF 对 Mackey-Glass 时间序列的估计

表 4 – 1　两种滤波方法的状态估计比较

算法	RMSE 均差	RMSE 方差	相对单次运行时间
SUKF	0. 119 58	0. 017 35	1
FSUKF	0. 115 61	0. 001 236	1. 2

由图 4 – 5、图 4 – 6 可看出，FSUKF 算法提升了 SUKF 算法的估计性能。这同样也可由表 4 – 1 看出。由于以方差作为调节 α 的主要判断依据，对 SUKF 算法的主要改进表现在 RMSE 方差明显减小，同时，RMSE 也有一定程度的减小。由于加入了模糊调节器，FSUKF 算法的运行时间比 SUKF 算法相对较长，为 1. 2 倍的 SUKF 算法计算时间。总而言之，FSUKF 算法在付出较小计算代价的基础上，滤波性能较 SUKF 算法有较大提高。因此，下文将采用 FSUKF 算法进行仿真估计。

4.2.3　深海底采矿机器车关键运动参数估计仿真

采用式（4 – 13）至式（4 – 18）的估计模型，以第三章建立的深海底采矿机器车仿真模型为研究对象，本节采用 FSUKF 算法，对深海底采矿机器车关键运动参数进行了估计仿真研究。让机器车沿如图 4 – 7 所示曲线运行，考察估计结果与实际结果之间的偏差，以验证估计模型和算法的有效性。

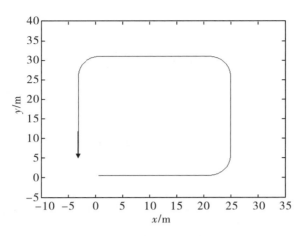

图4-7　深海底采矿机器车参数估计行走仿真轨迹

　　仿真所用机器车参数和环境参数见表3-1、表3-2。机器车直线行走速度设为0.5m/s，转弯时，将内侧履带速度设为零，实现滑差转向。非线性估计结果如图4-8至图4-11所示。

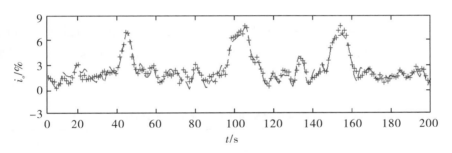

图4-8　外侧履带打滑率估计

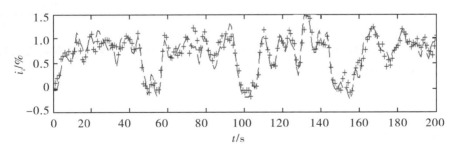

图4-9　内侧履带打滑率估计

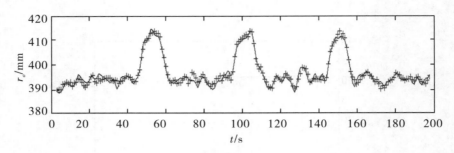

图 4 – 10　外侧履带驱动轮半径估计

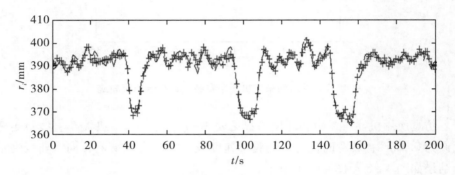

图 4 – 11　内侧履带驱动轮半径估计

图 4 – 8 至图 4 – 11 为采用 FSUKF 算法的估计效果。图中直线部分为机器车动力学模型的输出，"+"部分为 FSUKF 估计器的估计效果。各个参数的估计误差见表 4 – 2。

表 4 – 2　深海底采矿机器车关键运动参数估计误差

误差	i_o	i_i	r_o	r_i
相对均差	− 0. 137	− 0. 104	0. 049	0. 052
相对均方差	0. 209	0. 138	0. 056	0. 062

由表 4 – 2 可看出，采用该方法可以得到较好的估计效果，仿真结果验证了所提出模型和算法的有效性。

4.3　小结

本章以深海底采矿机器车建模和控制为背景，针对深海特种环境和特种液压机器车，对深海底采矿机器车左右履带打滑率及驱动轮有效半径等关键运动参数进行了在线最优估计研究。

针对深海底极稀软、不均匀沉积物底质特性，通过对机器车左右液压马达压差及左右履带沉陷的检测，建立了深海底采矿机器车关键运动参数在线计算模型，实现了对机器车左右履带打滑率及驱动轮半径的在线计算。在此基础上，取适当状态变量，建立了深海底采矿机器车左右履带打滑率和左右履带驱动轮有效半径的非线性参数估计模型，为深海底采矿机器车关键运动参数的最优无偏估计奠定了基础。

在深入研究非线性滤波方法的基础上，提出了改进的 SUKF 算法——FSUKF 算法：引入模糊控制算法，根据测量数据的好坏程度，对 Sigma 集调整算子进行在线调整，从而使系统理想模型和实际模型更为接近，并采用 Mackey-Glass 时间序列模型，验证了 FSUKF 算法具有更高的估计精度。

最后，采用本章所提出的模型和算法，进行了深海底采矿机器车关键运动参数估计仿真研究，仿真结果验证了该种方法的有效性。

5 深海底采矿机器车运动控制研究

深海底采矿机器车工作区域为 6 000 米深海底，运动控制的基本要求是控制机器车的位置和姿态（主要是指机器车的方位角），实现按预定轨迹行走作业，并在行走过程中实现有效避障。所以实现机器车的位置和姿态控制（或称轨迹跟踪）是对深海底采矿机器车的最根本要求。为此，本章重点研究在期望运动轨迹已知情况下的深海底采矿机器车的运动控制问题。

本章从深海底采矿机器车控制系统硬件构成及作业要求出发，设计了深海底采矿机器车运动控制结构；提出了一种基于模糊控制的不等分状态时间轨线规划方法；将履带机器车轨迹误差区分为内部误差和外部误差，提出了基于交叉耦合和专家模糊规则的控制算法，仿真结果证明了控制算法的有效性。

5.1 深海底采矿机器车控制系统硬件构成及作业要求

深海底采矿机器车控制系统（图 5 - 1）由海上母船和海底采矿机器车两级控制系统构成。其中，水上监控子系统位于水面采矿船上，包括机器车监视与控制主操作台及计算机、声学定位系统监视、图像声呐的监视计算机、视频信号监视器和录像机以及相应的动力控制柜等。水下测控子系统核心位于机器车上的密水电子仓中，由一台 COMPACT PCI 工控机及相关硬件电路构成。因此，机器车控制系统为两级 PC – PC 控制系统。采矿机器车传感系统与行走有关部分由左右驱动轮速度传感器、测量机器车姿态的磁罗盘、左右履带沉陷声呐构成。另外，还有用于环境观测和粗略定位的视频摄像、图像声呐、水声定位系统应答器以及用于监听结核流采集效率的结核流麦克风等。

监控子系统主要负责：机器车的手动、半自动操纵控制及参数显示；机器车的位置和轨迹监控；声呐图像的显示与记录；视频信号的显示与记录；数据及报警信息的存储、处理及打印；与水下测控子系统及定位系统等其他外部系统通信；发出控制命令；对海底环境进行监控并实时显示。

测控子系统主要负责：机器车各种参数的检测、行走控制算法的实现及执行机构的控制；视频信号、图像声呐信号及传感器数据的实时采集及处理；

与水上监控子系统进行通信；对监控子系统发送来的控制命令准确执行；高压油泵电机、液压部件通过高压供电给机器车提供动力。水下测控子系统核心——密水电子仓结构见图 5-2。

监控子系统与测控子系统间利用 6 000 米复合缆连接，该复合缆包括：传送视频信息和音频信号的同轴电缆、传送数据的基于 RS 485 的双绞线经由集线盒接至光端机，复合为光信号后，通过光纤旋转接头接入电缆绞车，与输送电源的高压电缆组成复合缆传至 6 000 米深的海底，光信号经光端机分解后接入电子仓，与水下摄像头、结核流麦克风以及图像声呐头构成通道。高压电一路输送至高压油泵电机，另一路经降压后接入电子仓，为其提供低压电。

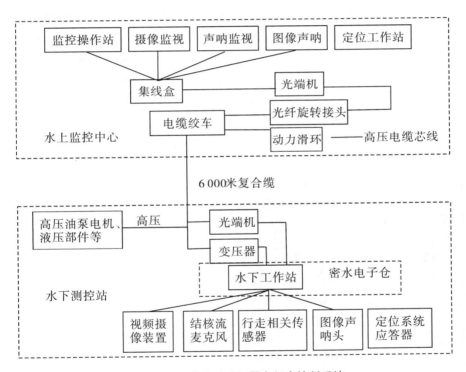

图 5-1　深海底采矿机器车行走控制系统

图 5-2　密水电子仓结构

　　深海底采矿机器车在海底作业时，为了能够在采矿区采集尽量多的矿结核，首先应该保证机器车能够走过所有的矿区，即能够按照一条覆盖整个矿区的行走轨迹采集。但是由于洋面采矿船、软管、硬管及机器车在水面至海底的三维空间中各自在外力（包括动力、水流、海浪及相互影响）作用下做相对复杂运动，深海底采矿机器车受软硬管及洋面母船的影响，只能在允许范围内，在海底按一条"S"形的预定路径进行采矿，如图 5-3 所示。

　　机器车行走作业过程中，要求采矿宽度为 2.4 米，行走速度为 0~1m/s，行走路径与预定路径之间的偏差不超过 1 米，如图 5-4 所示。

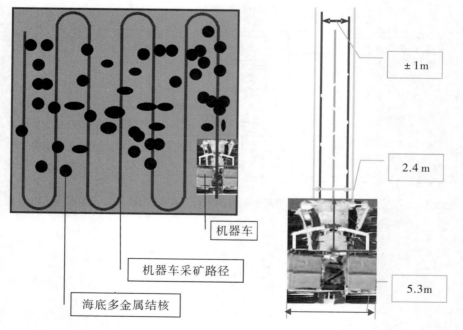

图 5-3　深海底采矿机器车行走规划　　图 5-4　深海底采矿机器车行走控制要求

从机器车行走矿区水文特性及海泥土力学性质可知，机器车行走底质为含水率极高的流塑状海底沉积物，塑性指数高，内聚力小，且具有触变特性（被扰动后其承载能力急剧下降），不同地点其性质存在区别，是一种完全不同于陆地的底质，使得机器车行走过程中打滑严重、不均匀，行走状态难于测量。并且机器车宽5.3米，为非线性、大惯性系统，无专门转向机构，转向困难。因此机器车在自行走控制过程中，不仅要求具有较高的预定路径跟踪精度，较为稳定的行驶速度，而且要求控制算法具备较好的鲁棒性，对打滑、沉陷等突发干扰事件具有一定的自适应调节能力。

5.2 深海底采矿机器车运动控制系统设计

针对深海底特殊作业环境及采矿机器车特殊设计，本节设计了深海底采矿机器车运动控制系统。控制系统框图如图5-5所示。

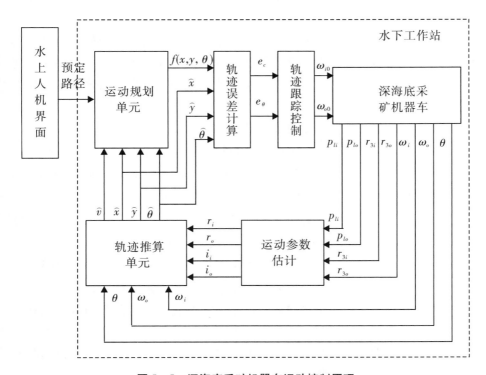

图5-5 深海底采矿机器车运动控制原理

该系统由位于水上的监控中心给出机器车预定作业路径。该作业路径为由一系列点集组成的任意曲线。运动规划单元根据当前机器车速度、位置和姿态以及机器车应当作业路径，对机器车进行局部路径规划，输出为机器车下一时刻应该达到的位置及姿态。轨迹误差计算单元的任务为计算出机器车当前点与给定点的位置误差和角误差。轨迹跟踪控制单元根据机器车的角误差和位置误差调整左右履带驱动轮给定，实现精确的轨迹跟踪控制。运动参数估计单元为上一章的内容，目的是实现机器车关键运动参数的在线估计，以提高轨迹推算单元的计算精度。轨迹推算单元则根据左右履带驱动轮角速度和车体方向角的测量值以及估计的运动参数，采用轨迹推算的方法对车体速度、位置和姿态进行在线估计。各系统详细实现将在下文阐述。

5.3　深海底采矿机器车运动规划

深海底采矿机器车拥有专门的图像声呐用于侦测障碍物，其路径生成由水上工作站在对复杂的水声图像处理后完成，因此，本书只考虑机器车在任意给定路径条件下的运动规划问题。

深海底采矿机器车为履带机器车，属于非完整动力学系统研究范畴，其运动规划问题可以归结为设计适当的状态输入使机器车沿着某一轨线从一初始位姿移动到一目标位姿，因此本质上属于两点边值问题。对该问题有如下描述：

已知系统所受到的非完整约束方程为：

$$\dot{y}\cos\theta - \dot{x}\sin\theta = 0 \tag{5-1}$$

式中 $(\dot{x}, \dot{y})$ 为机器人中心位置，θ 为机器人方向角，则运动规划问题转化为寻找三个函数 $x_d(u)$，$y_d(u)$，$\theta_d(u)$，并使其满足

$$\dot{y}_d\cos\theta_d - \dot{x}_d\sin\theta_d = 0 \tag{5-2}$$

$$x_d(u_0) = x_{d0}，\theta_d(u_0) = \theta_{d0}，y_d(u_0) = y_{d0} \tag{5-3}$$

$$x_d(u_f) = x_{df}，\theta_d(u_f) = \theta_{df}，y_d(u_f) = y_{df} \tag{5-4}$$

式中 $(x_{d0}, y_{d0}, \theta_{d0})$ 为初始位姿，$(x_{df}, y_{df}, \theta_{df})$ 为目标位姿。

因此，在预定路径完全确定的情况下，深海底采矿机器车的运动规划问题可分解为以下两个子课题：

（1）寻找满足边值条件式（5-2）至式（5-4）的曲线函数，该问题被称为机器车的路径规划问题；

（2）寻找合适的状态时间轨线函数 $u = u(t)$，以计算出机器车在每一时刻将要到达的位置，该问题被称为机器车的状态时间轨线规划问题。

5.3.1 深海底采矿机器车路径规划

针对非完整系统的路径规划问题，马保离、宗光华、霍伟[①]将其转化为满足给定端点条件的多项式拟合问题，通过求解线性矩阵方程得到多项式系数，实现驱动系统从一初始位姿到达一目标位姿。由于采用不同多项式系数可实现不同的路径方式，该方法较灵活，得到了广泛采用。Koren Y.[②] 给出了非完整移动机器人路径规划的端点约束条件：

寻找满足如下端点条件的函数 $y = f(x)$

$$\begin{cases} f(x(t_0)) = y(t_0) \\ \dfrac{\mathrm{d}f(x(t_0))}{\mathrm{d}(x)} = \tan(\theta(t_0)) \end{cases} \qquad \begin{cases} f(x(t_f)) = y(t_f) \\ \dfrac{\mathrm{d}f(x(t_f))}{\mathrm{d}(x)} = \tan(\theta(t_f)) \end{cases} \qquad (5-5)$$

式中，t_0 为起始时刻，t_f 为终止时刻，x，y，θ 为机器车的坐标和方向角。

为满足式（5-5）的非完整移动机器人路径规划的端点条件，本节选用贝塞尔曲线进行路径规划。

三次贝塞尔曲线方程如下所示：

$$\theta(u) = \begin{bmatrix} u^3 & u^2 & u & 1 \end{bmatrix} \begin{bmatrix} -1 & 3 & -3 & 1 \\ 3 & 6 & 3 & 0 \\ -3 & 6 & 0 & 0 \\ 1 & 0 & 0 & 0 \end{bmatrix} \begin{bmatrix} p_1 \\ p_2 \\ p_3 \\ p_4 \end{bmatrix}$$

式中，p_1 和 p_4 分别是曲线的起点和终点，p_2 和 p_3 被称为控制点，曲线的倾角 θ 由它们决定。u 是自变量，取值范围为 $[0,1]$。图 5-6 为三次贝塞尔曲线示意图。

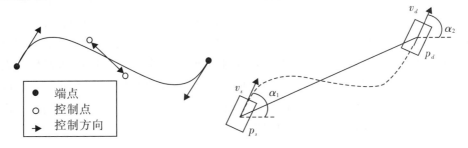

图例
● 端点
○ 控制点
➤ 控制方向

图 5-6　三次贝塞尔曲线　　　图 5-7　应用三次贝塞尔曲线进行路径规划

---

① 马保离，宗光华，霍伟. 非完整链式系统的路径规划——多项式拟合法. 自动化学报，1999，25（5）：662-666.

② KOREN Y. Cross-coupled biaxial computer control for manufacturing systems. Journal of dynamic systems, measurement and control. 1980, 11（102）：265-272.

本书采用图 5 - 7 所示方法确定贝塞尔曲线的方程。假设已知初始位置 $p_s(x_1,y_1)$ 及初始速度 v_s（方向角为 α_1）和目标位置 $p_d(x_4,y_4)$ 以及末端速度 v_d（方向角为 α_2），则连接 p_s 点和 p_d 点的贝塞尔曲线方程为：

$$\begin{cases} x = x_1(1-u)^3 + 3x_2(1-u)^2u + 3x_3(1-u)u^2 + x_4u^3 \\ y = y_1(1-u)^3 + 3y_2(1-u)^2u + 3y_3(1-u)u^2 + y_4u^3 \end{cases} \quad (5-6)$$

其中 $\begin{cases} x_2 = x_1 + \lambda v_s\cos\alpha_1 \\ y_2 = y_1 + \lambda v_s\sin\alpha_1 \end{cases}$，$\begin{cases} x_3 = x_4 - \lambda v_d\cos\alpha_2 \\ y_3 = y_4 - \lambda v_d\sin\alpha_2 \end{cases}$；$\lambda$ 为正系数，u 的取值范围为 $[0,1]$。曹洋[①]证明了该规划方式满足边界条件式（5-2）~式（5-4）。

5.3.2　深海底采矿机器车状态时间轨线规划

通过上一节的描述，我们完成了对深海底采矿机器车路径规划问题的求解，得到了一条满足非完整约束的状态几何路径。但对于轨迹规划问题而言，仅有一条状态几何路径是不够的，要最终得到控制输入的时间轨迹还必须规划一条状态的时间轨线 $u = u(t)$。状态时间轨线的规划可以通过在几何轨线上选取一系列的采样点，并使之与时间相关联的方法来实现。换句话说就是在几何轨线上指明机器车在每一时刻需要到达的位置。

一般来讲，选取采样点通常会按照时间等分的原则来进行。以贝塞尔曲线为例，假设该段轨迹共需要 N 个周期完成，则令 $u = i/N, i = 0,1,\cdots,N$，即可得到所需的 N 个采样点。该方法实际上是一种基于连续空间的采样算法，由于采样点为等间隔点，往往不能满足精确控制的要求。因此，本书采用模糊控制算法，设计了一种基于模糊控制的不等分状态时间轨线规划方法。

考虑如图 5 - 8 所示情形：目标点 1 为基于连续空间采样算法给出的机器车下一时刻应到达的目标点。然而，由于目标点 1 到机器车前进方向距离 Δx_1 以及机器车与目标点 1 方向角误差 $\Delta\varphi_1$ 均较大，且二者反向，机器车运动方向和运动速度难以规划，机器车实际上不可能在一个控制周期内达到目标点 1。然而，如果将目标点 1 适当前移到目标点 2，此时目标点 2 到机器车前进方向距离 Δx_2 以及机器车与目标点 2 方向角误差 $\Delta\varphi_2$ 均较小，且二者同向，机器车运动方向和速度都将容易规划得多。

---

① 曹洋. 非完整足球机器人运动控制策略的研究与实现. 沈阳：东北大学，2004.

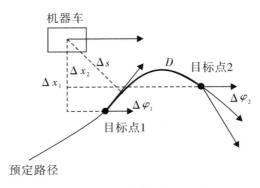

图 5 - 8　不等分状态时间轨线规划示意图

基于这种思想，本书提出了基于模糊规则的不等分状态时间轨线规划方法：定义机器车到预定路径最短距离为 Δs，机器车曲率与目标点曲率之差为 $\Delta \gamma$，机器车速度为 v，则目标点移动距离 D 的大小与以下影响因素有关：

（1）当 $\Delta \gamma$ 存在较大的误差时，移动距离 D 必须增大；反之，D 可减小；

（2）当车辆快速移动时，D 应增大；否则，D 应减小；

（3）当 Δs 存在较大的误差时，D 应增大；否则，D 应减小。

由于 v 相对 $\Delta \gamma$ 和 Δs 独立，为减少控制规则，采用二级模糊控制方法实现对 D 的调整。定义：

$$D = f(D_1,\ v) \tag{5-7}$$

式中，$D_1 = f(\Delta \gamma,\ \Delta s)$ 　　　　　　　　　　　　　　$(5-8)$

则对应式（5-8）的模糊规则表可确定为：

表 5 - 1　$D_1 = f(\Delta \gamma,\ \Delta s)$ 对应模糊规则表

Δs	$\Delta \gamma$				
	NB	NS	ZO	PS	PB
NB	NB	NS	NS	PB	PB
NS	NB	NS	NS	PS	PB
ZO	NS	ZO	ZO	ZO	PS
PS	PB	PS	PS	PS	NB
PB	PB	PB	PB	NB	NB

式（5-7）按下式确定：

$$D = D_1 + k \cdot \left(v - \frac{v_{\max}}{2}\right) \tag{5-9}$$

式中，k 为比例因子，v_{max} 为机器车的最大运行速度。

由表 5-1 和式（5-9）即可实现深海底采矿机器车基于模糊规则的不等分状态时间轨线规划。

5.4　深海底采矿机器车轨迹跟踪控制

深海底采矿机器车为特种履带车辆。与轮式机器车相比，针对履带机器车的运动控制研究困难得多。主要原因是履带—地面作用的复杂性，以及土壤参数的不确定性，履带车的地面作用力很难得到准确估计。

履带车辆的行走误差由车辆内部误差和外部误差共同构成。所谓内部误差，是由车辆本身结构的不对称引起的。比如，左右履带驱动轮半径的不同、左右履带张紧的不同、左右履带与驱动轮及链轮摩擦力的不同，以及车辆重心设计时的左偏或右偏等，都会导致车辆在开环状态不能严格跟踪给定信号。所谓外部误差，是指由于地面情况的不均匀，导致车辆—地面作用力变化，使左右履带不能严格跟踪给定。针对履带机器车精确数学模型过于复杂，模型参数不易准确测量的特点，本书提出了一种新的控制方法：采用交叉耦合控制器对履带车辆的内部误差进行补偿，采用模糊专家控制器对履带机器车的外部控制误差进行补偿，从而实现对履带机器车的轨迹跟踪控制。

5.4.1　基于交叉耦合控制的履带机器车内部误差补偿

履带机器车的内部误差主要表现为左右履带不对称引起的车辆行走方向偏差，本书考虑由交叉耦合控制器进行补偿。双驱动移动机器人内环控制器多由左右两个独立闭环控制器构成，每个控制回路只接受本身回路的反馈信号，两个驱动回路之间的协调只能通过外环控制器实现，大大加重了外环控制器的负担，容易出现控制频率过高甚至震荡现象。交叉耦合控制器可通过平均分配两个内环的误差，在内环解决两个内环的协调问题，从而减轻外环控制器的负担，提高控制精度。针对双轮足球机器人，曹洋[①]仅采用交叉耦合控制器进行控制，取得了良好的控制效果。考虑到履带机器车复杂的工作环境，本书采用耦合控制器纠正机器车最显著的内部误差——方向误差。

本书采用深海底采矿机器车的运动学模型和简化的液压驱动模型构建交叉耦合控制器。其运动学模型可表述为：

---

① 曹洋. 非完整足球机器人运动控制策略的研究与实现. 沈阳：东北大学，2004.

$$\dot{x} = \frac{v_i + v_o}{2}\sin\theta \qquad (5-10)$$

$$\dot{y} = \frac{v_i + v_o}{2}\cos\theta \qquad (5-11)$$

$$\dot{\theta} = \frac{v_o - v_i}{b} \qquad (5-12)$$

式中，$\dot{x}$，$\dot{y}$ 和 θ 表示履带机器车重心的位置和方向，b 为履带中间距，v_i 和 v_o 表示左右履带的速度。

本书第三章设计的深海底采矿机器车液压驱动系统为一高阶、强非线性系统，该模型主要目的为对机器车运动系统进行静态和动态的仿真研究，以及作为实际对象验证控制器的有效性，用于控制器设计较为困难。因此，本书采用李洪人[①]给出的简化变量泵—液压马达驱动模型对控制系统进行设计。由于该液压马达控制系统可简化为一零阶系统，其传递函数可表示为：

$$G(s) = \frac{k_q/D_m}{s^2/\omega_h^2 + (2\xi_h/\omega_h)s + 1} \qquad (5-13)$$

式中，k_q 为流量放大系数；D_m 为液压马达理论排量。

因此，基于交叉耦合控制器的内环框图如图 5-9 所示：

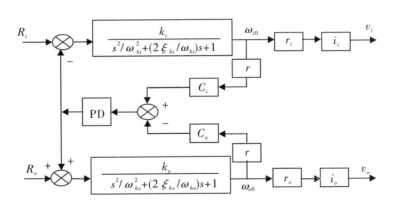

图 5-9　交叉耦合控制器

图中：R_i，R_o——左右履带速度给定；v_i，v_o——左右履带速度；ω_{i0}，ω_{o0}——左右驱动轮角速度；C_i，C_o——左右驱动补偿增益；i_i，i_o——左右履带打滑率；r_i，r_o——左右驱动轮半径与履带厚度之和；r——驱动轮半径的补偿增益。

①　李洪人．液压控制系统．北京：国防工业出版社，1981.

当交叉耦合控制器达到稳态时，有：

$$\omega_{i0} = C_i \frac{R_i + R_o}{K_i C_i + K_o C_o} K_i K_o \qquad (5-14)$$

$$\omega_{o0} = C_o \frac{R_i + R_o}{K_i C_i + K_o C_o} K_i K_o \qquad (5-15)$$

在针对该履带机器车设计控制系统时，考虑到采用电子罗盘测量履带车方向角，需要进行滤波处理，外环模糊专家控制器的控制周期取为500ms。当内环采样周期取为30ms时，可认为内环的交叉耦合控制器工作在稳态。

由式（5-14）和式（5-15）可得：

$$\frac{\omega_{i0}}{\omega_{o0}} = \frac{C_o}{C_i} \qquad (5-16)$$

将式（5-16）代入 $v_o = r_o \omega_o (1 - i_o)$，$v_i = r_i \omega_i (1 - i_i)$ 可得：

$$\frac{v_i}{v_o} = \frac{C_o r_i i_i}{C_i r_o i_o} \qquad (5-17)$$

将式（5-17）、式（5-14）代入式（5-12）可得：

$$\dot{\theta} = \frac{(1 - \frac{C_o r_i i_i}{C_i r_o i_o})(R_i + R_o) K_o r_o i_o}{(1 + \frac{C_o K_o}{C_i K_i}) b} = B_p u \qquad (5-18)$$

式中，$u = R_i + R_o$，为系统给定；$B_p = \frac{(1 - \frac{C_o r_i i_i}{C_i r_o i_o}) K_o r_o i_o}{(1 + \frac{C_o K_o}{C_i K_i}) b}$ 为系统参数。

由式（5-17）可看出，在不考虑履带车轮半径误差和左右打滑率不同造成的误差时，交叉耦合控制器总是确保 $\frac{v_i}{v_o} = \frac{C_o}{C_i}$。因此，可考虑设置不同的 C_i 和 C_o 实现内部误差的补偿。

直线行走时，如果两个驱动轮半径不同，假定左右履带打滑率相同，$\frac{i_i}{i_o} = 1$，令式（5-18）=0，可得

$$\frac{C_o}{C_i} = \frac{r_o}{r_i} \qquad (5-19)$$

于是，令 $C_o = C_i \frac{r_o}{r_i}$，可确保 $v_i = v_o$。

也就是说，直线行走时，取 $C_i = 1$，$C_o = \frac{r_o}{r_i}$，可实现对驱动轮半径误差的

补偿。$\dfrac{r_o}{r_i}$ 可通过实际测定的方式取得。

需要指出的是，内部误差通常不只是驱动轮半径误差。其他由于左右履带不对称引起的方向误差都可通过对左右驱动补偿增益的调节进行补偿。应用中，可以取 $C_i = 1$，$C_o = \dfrac{r_o}{r_i}$ 为初始值，通过试验调节的方法实现内部误差的准确补偿。通过试验，确定 $C_i = 1$，$C_o = 0.85$。

当机器车以固定转弯半径 R 做转向运动时，由履带运动学方程可知：

$$v_i = \omega \left(R - \frac{b}{2} \right) = v \left(1 - \frac{b}{2R} \right) \tag{5-20}$$

$$v_o = \omega \left(R + \frac{b}{2} \right) = v \left(1 + \frac{b}{2R} \right) \tag{5-21}$$

式中，v 为车体绝对速度。

式（5-20）除以式（5-21）可得：

$$\frac{v_o}{v_i} = \frac{1 + b/2R}{1 - b/2R}$$

此时，可令 $C_i = 1$，$C_o = \dfrac{1 - b/2R}{1 + b/2R} \cdot \dfrac{r_o}{r_i}$

在本书中，$C_o = \dfrac{1 - b/2R}{1 + b/2R} \cdot 0.85$

5.4.2　基于模糊专家控制的深海底采矿机器车外部误差补偿

上述交叉耦合控制器可实现对系统内部误差的有效补偿。由于机器车行走地面为深海底特种稀软地质，地面状况的复杂多变形成复杂扰动，从而会导致机器车出现方向偏差。通过对方位角的测量，本书构造了一个模糊专家系统，通过对左右履带速度给定及 C_i、C_o 的在线调整，实现系统对外部误差的在线补偿。

整个控制系统结构如图 5-10 所示：交叉耦合控制器负责对左右履带速度进行调整，运动参数估计单元根据左右履带压力和沉陷给出对打滑率和驱动轮的估计，轨迹推算单元根据检测的左右履带速度和车体方向角以及运动参数估计单元的输出实时计算机器车的速度、位置和方向，轨迹误差计算模块根据机器车的位置和方向角计算出机器车的方向误差 e_θ 和位置误差 e_c，并将其反馈给模糊专家控制器，模糊专家控制器以车体的距离误差、方向误差为输入，以左右履带的速度给定和交叉耦合控制器的左右驱动补偿增益为输出，实现机器车的轨迹跟踪控制。

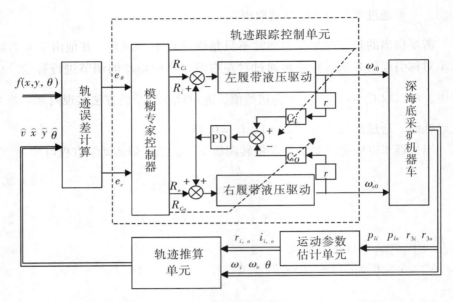

图 5-10　基于交叉耦合与模糊专家控制的深海底采矿机器车轨迹跟踪控制结构

5.4.2.1　轨迹误差的计算

轨迹误差的计算以轨迹推算单元的输出和运动规划单元的输出为输入，输出为方向误差 e_θ 和位置误差 e_c。运动规划单元的输出为不同时刻的目标点坐标和姿态，生成方法见 5.3.2 节。轨迹推算单元采用机器车的运动学模型计算车体的速度和姿态。计算公式为：

$$\hat{x} = \int_0^t \frac{\omega_i r_i (1 - i_i) + \omega_o r_o (1 - i_o)}{2} \sin\theta \mathrm{d}t \qquad (5-22)$$

$$\hat{y} = \int_0^t \frac{\omega_i r_i (1 - i_i) + \omega_o r_o (1 - i_o)}{2} \cos\theta \mathrm{d}t \qquad (5-23)$$

$$\hat{\theta} = \theta \qquad (5-24)$$

$$\hat{v} = \frac{\omega_i r_i (1 - i_i) + \omega_o r_o (1 - i_o)}{2} \qquad (5-25)$$

$$\hat{\omega} = \frac{\omega_o r_o (1 - i_o) - \omega_i r_i (1 - i_i)}{b} \qquad (5-26)$$

方向误差 e_θ 和位置误差 e_c 按图 5-11 所示方法确定：

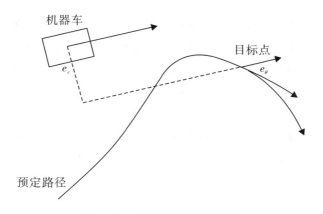

图 5-11 轨迹误差计算示意图

如图 5-11 所示,机器车位置误差 e_c 定义为目标点到机器车前进方向的距离,设目标点坐标为 (x,y),该点机器车方向角应为 θ,机器车坐标为 $(\hat{x},\hat{y})$,机器车方向角为 $\hat{\theta}$,则有:

$$e_c = (x - \hat{x})\sin\hat{\theta} - (y - \hat{y})\cos\hat{\theta} \qquad (5-27)$$

$$e_\theta = \theta - \hat{\theta} \qquad (5-28)$$

5.4.2.2 模糊专家控制器设计

由交叉耦合控制思想可知,对 C_i、C_o 的在线调整决定了左右履带的速度差,从而最终决定履带车辆方向角的调整,对 R_{Ci}、R_{Co} 的调整则主要表现在履带车速度的变化上。参考人工驾驶车辆的思想,本节设计了根据方向误差 e_θ、位置误差 e_c,给定左右履带速度调节值 R_{Ci}、R_{Co}、R_i 和 R_o 的专家规则,具体表述如下:

令 v_0 为履带车初始给定速度,R_{Ci0}、R_{Co0} 分别为左右履带交叉耦合参数克服内部误差后的给定值,Δv 为履带车左右履带给定 R_i、R_o 的调节值,Δv_θ 为交叉耦合参数 R_{Ci}、R_{Co} 的调节值,根据人工驾驶履带车辆思想,制定以下专家规则:

(1) 按以下规则调节 Δv_θ、Δv 的值:

①当位置误差 e_c 较小,方向误差 e_θ 较大时,Δv_θ 按方向误差的反方向增大较大幅度,Δv 增大以提高系统反应速度;

②当位置误差 e_c 较大,方向误差 e_θ 较小时,Δv_θ 按位置误差的反方向增大较大幅度,Δv 增大以提高系统反应速度;

③当位置误差 e_c 较小,方向误差 e_θ 亦较小且两种误差表现为同向时,Δv_θ 按方向误差的反方向减小调节幅度,Δv 减小以提高轨迹跟踪精度;

④当位置误差 e_c 较小，方向误差 e_θ 亦较小且两种误差表现为反向时，Δv_θ 按位置误差的反方向减小调节幅度，Δv 减小以提高轨迹跟踪精度。

（2）由 v_0、Δv 和 Δv_θ 给出左右履带速度调节值 R_{ci}、R_{co}、R_i 和 R_o

$$R_i = v_0 + \Delta v \; ; R_o = v_0 + \Delta v$$

$$R_{Ci} = R_{Ci0} + \Delta v_\theta \; ; R_{Co} = R_{Co0} - \Delta v_\theta$$

根据以上专家规则建立模糊规则库，参数 e_θ、e_c、Δv_θ、Δv 均采用大、较大、中、较小、小的模糊变量表示方法，模糊因子和反模糊因子根据仿真结果进行调整。

为验证控制算法的有效性，我们进行了如下仿真实验。期望轨迹为速度为 $1\mathrm{m/s}$、角速度为 $1\mathrm{rad/s}$ 的一个圆形轨迹，初始方向误差 e_θ 取为 1，初始距离误差 e_c 取为 $x_e = -0.5$，$y_e = 0.5$。取 C_i、C_o 的初始值为 $C_i = 1$，$C_o = 0.85$。经过反复调整专家模糊控制器的模糊因子和反模糊因子，分别取 $k_\theta = 0.85$，$k_c = 0.98$；$k_{v\theta} = 0.162$，$k_v = 1.653$。仿真结果如图 5-12 和图 5-13 所示。图 5-12 显示机器车从原点被镇定于半径为 1 的圆形轨迹中，图 5-13 表示机器车的方向和位移误差均能快速收敛为 0。仿真结果验证了算法的有效性。

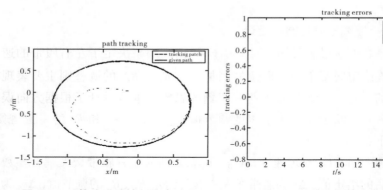

图 5-12　轨迹跟踪控制仿真结果　　图 5-13　轨迹跟踪误差仿真结果

5.5　小结

本章在深入研究深海底采矿机器车控制系统硬件构成及作业要求的基础上，设计了深海底采矿机器车运动控制系统。该系统由运动规划单元、运动参数估计、轨迹误差计算、轨迹跟踪控制等模块构成，并分别设计了各部分的功能。

针对通常状态时间轨线规划采用等间隔点，往往不能满足精确控制要求的特点，提出了一种模糊控制的不等分状态时间轨线规划方法。该轨线规划方法可根据机器车位置与目标点的距离和角误差，实时调整目标点的距离。

通过对履带式移动机器车轨迹误差的分析，设计了基于模糊专家的交叉耦合控制器。采用交叉耦合控制器构成机器车速度控制的内环，以纠正内部误差；采用模糊专家控制器构成机器车位移控制的外环，以纠正外部误差。

仿真结果表明，该种算法能够使机器车跟踪误差快速收敛。研究结果对履带机器车的运动控制具有一定的指导意义。

6　深海底采矿模型机器车
实物仿真系统开发及试验研究

深海底采矿机器车体积庞大，驱动功率高，不宜频繁进行控制系统试验。为了更好地开展运动控制算法试验研究，我们开发了小型深海底采矿模型机器车实物仿真系统。该系统主要包括一台同比例缩小的液压驱动履带机器车，一套基于 PC 机的两级控制系统及相关传感设备。

6.1　模型机器车开发

模型车机械系统设计严格比照实际采矿机器车的重量和尺寸，设计为 30 : 1 的缩小模型，并保证模型车与实际系统具有相同的接地比压。深海底采矿模型机器车如图 6 - 1 所示。

图 6 - 1　深海底采矿模型机器车

模型车液压系统是电驱动阀控马达液压驱动系统。采用一台变量泵驱动两台液压马达，两个电液比例阀节流调速的方法对深海底采矿机器车变量泵—定量马达的容积节流调速回路进行模拟。整套液压系统均采用美国 EATON 公司的产品。

液压系统技术参数如下：

电机功率：3kW，1 460r/min，380V/Hz

定量叶片泵排量：9.8cc/r

输出最大流量：14L/min

控制电压：DC24V

液压站总重量：145kg

为减轻车体重量，模型车机械系统采用橡胶履带和塑胶驱动轮，其机械结构见图 6-2。机械系统参数为：

车体尺寸：1 245mm×598mm×977.5mm

履带长：711.2mm

轮半径＋履带厚度：96mm

履带中心距：455mm

车体重量：198kg

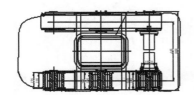

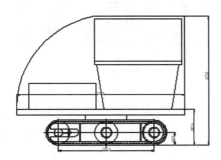

图 6-2　深海底采矿模型机器车机械结构

6.2 深海底采矿模型机器车控制系统开发

模型车控制系统设计全面模拟实际采矿机器车的控制系统。同样设计一个手动控制台和各种控制按钮。水上控制系统和水下监控系统分别由两台工控机进行模拟，两台工控机之间通过 RS232 进行通信。同时，对模型车配置一定的传感器，模拟深海环境下的采矿机器车定位与轨迹跟踪控制。由于设计模型车的主要目的是研究实际采矿机器车的行走控制，模型车传感器的选择主要集中在车辆速度和位置的检测。同时，为了模拟对采矿机器车的监控，一些传感器信号采用信号发生器给出假信号进行模拟。

6.2.1 深海底采矿模型机器车控制系统硬件设计

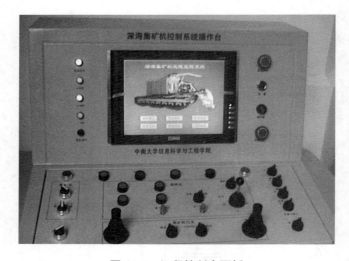

图 6-3　远程控制台面板

根据深海底采矿机器车的控制要求，为模拟水面监控系统和水下测控系统，我们分别设计了远程控制台和车载 COMPACT PCI 工控机及相关外围系统。所设计的远程控制台面板如图 6-3 所示，包括：2 个操纵杆（一个单维、一个两维），用于控制两条履带的速度；2 个螺旋电位器，用于控制量组水下照明灯的亮度；1 个带钥匙的使能开关，用于控制操纵杆是否使能；1 个履带/螺旋桨切换选择开关；1 个摄像机控制切换选择开关；2 个上下拨动开关，分别用于控制集矿头的升降和摆动；1 个可上下、左右拨动开关，用于控制摄像机云台的上、下、左、右移动；5 个按钮，用于调节摄像机的焦距及广角；以及履带张紧、破碎机、水泵 1/2、水泵 3/4 四个切换开关。侧面控制面板上包括电源指示灯、显示器、紧急停车、报警、蜂鸣器和报警测试。

　　车载控制系统的核心采用与深海底采矿机器车相同设计，为一台 COM-PACT PCI 工控机。因为模型车的设计目的是研究机器车运动控制，传感系统选型包括与运动控制有关的压力传感器、速度传感器、数字罗盘 HMR3000 等。实际系统中还包括很多与行走并无关系的传感器，如集矿头水泵转速、车体距海面高度等。为了更好地模拟海底作业环境，我们采用信号发生器、模拟电路等方法对原系统所有的数字输入输出量、模拟输入输出量以及脉冲量和通信量设计假信号，在 protel 中首先作出控制原理图，根据原理图，考虑实际信号增加光隔、放大器以及信号发生器等，绘制出 PCB 板，由此焊制出印刷电路板，并添加一些空的端子作为冗余。所设计的电路板如图6-4、图6-5 所示。

图 6-4　水上模拟信号电路板

图 6-5　水下模拟信号电路板

6.2.2 深海底采矿模型机器车控制系统软件设计

深海底采矿模型机器车控制系统软件开发立足于实际系统。目前，机器车控制体系设计主要分为协商结构、反射结构和集成结构。协商结构的优点是可控性和稳定性较好，缺点是反应慢，当系统处于高度动态化环境时，存在很大的反应延迟。反射基于反射思想原理，适用于动态环境，具备较快的反应速度。然而，因为每个行为都有自己的目标，由一个动作引发的反射行为可能会引发其他的动作，所以机器人的行为有时是不可预测的。本书采用综合协商结构与反射结构优点的集成结构设计思想，开发了一套深海底采矿机器车控制软件。

如图 6-6 所示，深海底采矿机器车控制软件的结构分为三层：

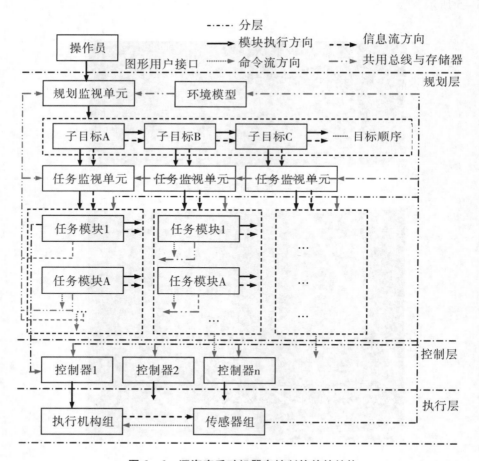

图 6-6 深海底采矿机器车控制软件的结构

执行层：执行层负责采矿机器车硬件的接口，包括各种传感器和执行机构。传感器与上层控制器及该层其他组成部分相连接。执行机构负责与采矿机器车各执行机构接口相连。

控制层：控制层主要是采矿机器车的低阶伺服控制，包括采矿机器车底层控制器，负责采矿机器车行走机构的双闭环控制。

规划层：负责采矿机器车高层控制器，包括采矿机器车任务规划、监控及指令发送。

用户通过图形用户界面向采矿机器车发送指令。该指令被规划监视单元分解为一系列子目标。每一个子目标有一对应的任务监视单元，负责为子目标的实现给任务模块安排一个合适的结构。任务模块是该结构中的基本组成部分。每个任务模块设计为执行预先定义的任务，并且有确定的解决方案。任务模块从传感器、其他任务模块或任务监视单元读进输入值，并利用任务处理方程把计算结果送到另一些任务模块或任务监视单元（图6-7）。在任务模块内，偏差由偏差方程求得。一些任务模块与控制层的低阶控制器相连，与物理硬件一一相接。每个控制器任务模块的内部数值由前一个任务模块传递，或由任务监视单元给出。

图6-7 任务模块

采用三层结构，软件的执行效率、通信阻塞和维护等问题都容易解决。软件分为若干个模块，每个模块作为一个单独的应用服务对象，整个软件的功能建立在这些对象上。模块间的联系越少，即耦合度越低，模块的独立性越强，可复用性越高。采用模块化、程序设计的目的就是设法使庞大的监控软件功能支解为简单、独立的小功能程序块，块间联系少，便于开发调试以及维护。

任务模块是本结构的基本组成部分。按处理任务类型不同，任务模块分为两类：运动任务模块和功能任务模块。运动任务模块负责向低阶控制器给出设定值。功能任务模块负责计算出软件结构中其他任务模块所需的数据。各个模块的组成见图6-8。

深海底采矿机器车控制子目标包括机器车下放、环境调查、正常作业、紧急停车和机器车回收。各个子目标在规划层提出，通过调用相应的任务模块实现。

依据以上软件结构，我们编写了深海底采矿机器车控制软件。软件主要包括深海底采矿机器车下放和回收模块、行走监控模块、行走测控模块、数据库管理和查询模块、系统设置模块等。其中最重要的模块是行走监控模块，又分为通信测试、参数显示、参数设置、液压监测、实时曲线显示和集矿头监控六个子模块。水下测控模块主要包括硬件测试、通信测试、数据采集及预处理、行走控制算法四个子模块。数据库管理和查询模块主要包括添加记录、参数及密码设置、数据记录与查询等子模块。水上水下通过串口通信完成上传下送。总体结构如图 6-9 所示。

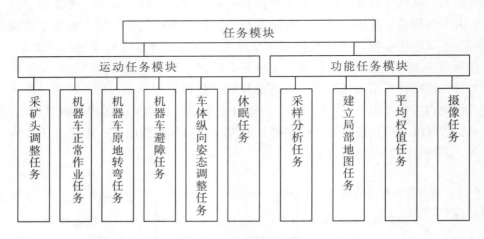

图 6-8　深海底采矿机器车任务模块结构

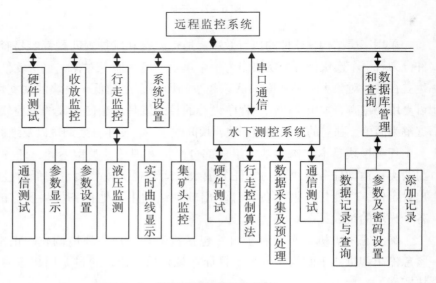

图 6-9　控制系统软件总体结构

　　深海底采矿机器车远程监控系统主界面如图 6 - 10 所示。根据具体情况进入不同界面。

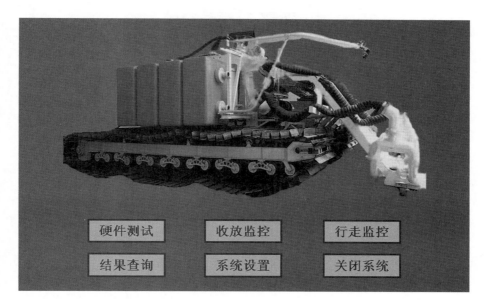

图 6 - 10　深海底采矿机器车远程监控系统主界面

　　深海底采矿机器车收放监控界面如图 6 - 11 所示，主要功能包括：监视机器车下放深度和离底高度；监控机器车左、右侧下放速度和俯仰角、方位角等车体参数；选择摄像机及调节方式，调节云台、焦距、景深以及水下照明灯等；调用下放或回收任务模块；切换实现与实时趋势显示界面及行走监控界面。

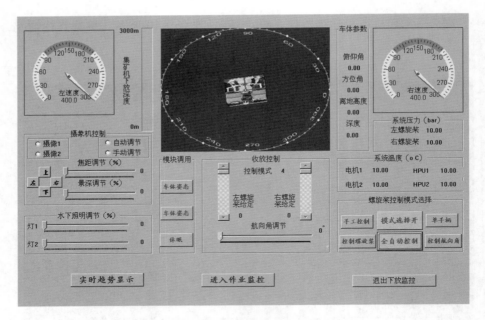

图 6 – 11　深海底采矿机器车收放监控界面

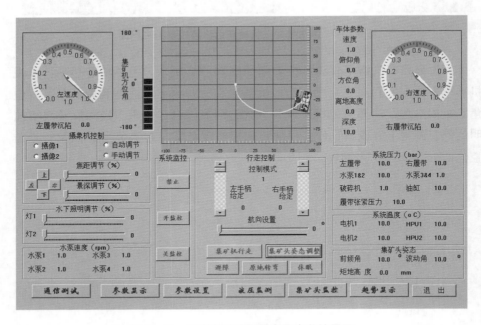

图 6 – 12　深海底采矿机器车行走监控界面

　　深海底采矿机器车行走监控界面如图 6 – 12 所示。主要功能包括：监控左右履带速度、机器车车体速度、左右履带压陷深度；机器车的前后、左右倾角，方位角，潜入深度，离底高度；软管四个方向的应力；水下直流电源电压；水泵油马达的转速；液压系统的压力、温度、马达工作状态；集矿头的倾角、离底高度；水下照明灯的亮度等数据的显示；摄像机的选择切换、云台移动控制、焦距和广角的调节控制、水下照明灯亮度调节以及深海底采矿机器车行走过程中对各个模块的调用。

深海底采矿机器车水下测控系统界面如图 6-13 所示。主要功能包括：传感器数据的实时采集及滤波，双闭环控制系统的执行，与水上监控子系统进行通信，准确执行监控子系统发送来的命令等。

深海采矿试验是一个庞大而复杂的试验，每做一次试验都要消耗大量的人力、物力，因此，要求将试验过程中的所有测量参数和有关控制参数都存入数据库中，以备试验后分析，有针对性地进行改进工作。数据库采用 Orcale 数据库，主要功能包括：记录深海底采矿机器车工作参数、液压系统工作参数、软管应力和水泵转速及水下电源电压参数、开关量参数等；查询某条历史趋势曲线的详细信息，浏览或打印各种参数的历史趋势图。数据库管理与查询界面如图 6-14 所示。

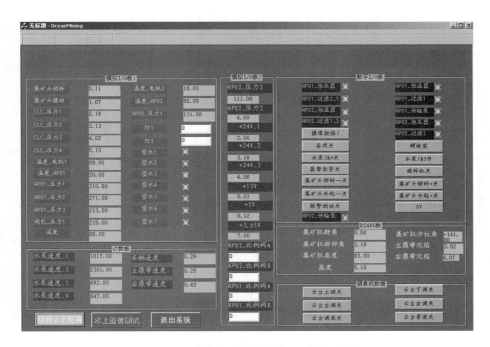

图 6-13　深海底采矿机器车水下测控系统界面

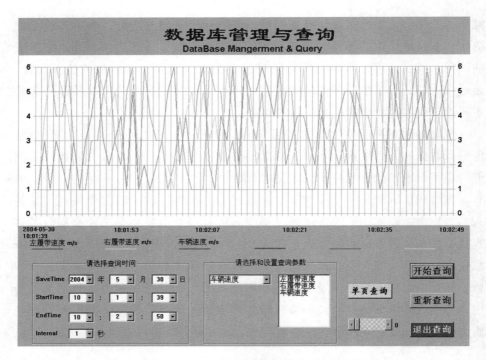

图 6 – 14　深海底采矿机器车数据管理与查询界面

6.3　深海底采矿模型机器车试验研究

在模型车开发的基础上，本节以模型车为控制对象，开展试验研究。图 6 – 15 为左右履带速度同时给定为 0.5m/s 时的阶跃响应曲线。试验时，模型车处于架空状态，只存在内部误差。从试验结果来看，上升时间小于 4s，基本没有超调，稳态误差小于 1%，左右履带速度均值相同，均为 0.5m/s，试验结果验证了交叉耦合控制器的有效性。

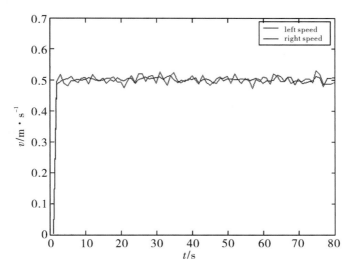

图 6-15 模型车速度阶跃响应试验曲线

图 6-16、图 6-17、图 6-18 为模型车沿不平整地面行走时的试验结果。试验地面为黏土土质，各处黏土硬度不均匀。地面也属于未平整地面，存在浅坑和小的坡度。模型车给定速度为 0.3m/s，航向设为 294°。图 6-16 为行走速度调节曲线，图 6-17 为行走速度响应曲线，图 6-18 为模型车行走路径与预定路径比较。从图中可看出，由于地面硬度的不均匀及地面的不平整，模型车在行走过程中几次出现偏差，然而，速度给定总能够及时调整，模型车位置偏差不超过 0.05m，方向偏差不超过 3°。

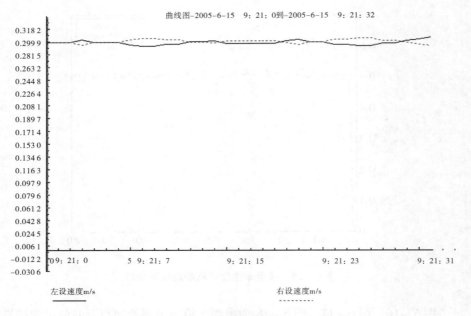

图 6-16　模型车沿不平整地面行走速度调节曲线

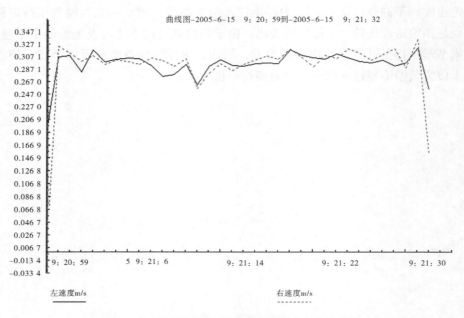

图 6-17　模型车沿不平整地面行走速度响应曲线

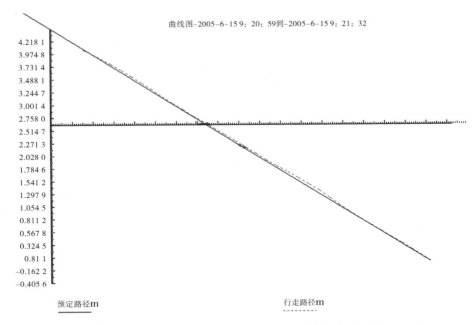

曲线图-2005-6-15 9：20：59到-2005-6-15 9：21：32

图 6-18　模型车沿不平整地面行走路径与预定路径比较（单位：m）

6.4　小结

本章介绍了深海底采矿模型机器车实物仿真系统的开发过程和部分试验研究内容。仿照原系统，设计并开发了电动液压驱动系统与 30：1 同比例模型车机械系统；仿照原系统，完成了控制系统硬件选型和开发；采用集成结构设计思想，立足于实际系统，开发了深海底采矿机器车控制系统软件。最后，以模型车为控制对象，开展了试验研究，取得了较好的控制效果。

7 结论与展望

深海底采矿具有重要的战略意义和科学意义。深海底采矿机器车工作于6 000米深海底复杂未知环境，其控制质量的好坏直接关系到我国大洋战略开发的实施质量。为此，在国家大洋专项基金——国际海底区域研究开发"十五"项目（DY105 - 03 - 02 - 06）的资助下，本书重点研究了深海底采矿机器车的建模与控制技术。本书取得的主要研究成果如下：

（1）深海底采矿机器车运动建模技术。

深海底采矿机器车工作于6 000米深海极稀软沉积物底质，车辆设计的特殊性和作业环境的特殊性决定了其工作特性与普通履带车辆有所不同。针对深海底采矿机器车高尖三角齿、大沉陷、高打滑率、稀软海底低速作业的特点，在特别考虑履齿附加推力、推土阻力、水阻力，并忽略向心力的情况下，采用深海底沉积物特殊环境参数，对机器车牵引力和运动阻力综合计算，建立了深海底采矿机器车动力学模型；采用机器人坐标系和地面坐标系，考虑深海底采矿机器车左右履带打滑率对车体姿态的影响，建立了深海底采矿机器车的运动学模型；实现了对深海底采矿机器车极限环境动力学和运动学系统的有效描述。

针对深海底采矿机器车变量液压泵—定量液压马达容积调速系统参数复杂、高非线性的特点，将系统分解为电液比例方向阀、变量泵控制液压缸、柱塞泵和柱塞马达四个子系统分别建模，在此基础上综合建立了深海底采矿机器车液压驱动系统模型，实现了对深海底采矿机器车液压驱动系统的有效描述。

将上述数学模型进行综合，运用 MATLAB 语言，建立了基于 MATLAB 的深海底采矿机器车运动系统仿真模型，进行了仿真研究，仿真结果验证了模型的有效性。

（2）深海底采矿机器车关键运动参数在线辨识技术。

由于作业环境的未知、深海底沉积物的极稀软且不均匀特性，深海底采矿机器车作业打滑严重，运动状态不确定性变化大，机器车驱动轮有效半径、左右履带打滑率等关键运动参数难以直接测量。针对该问题，提出了深海底采矿机器车关键运动参数在线计算模型，该模型通过对机器车左右液压马达压差及左右履带沉陷的检测，实现了对机器车左右履带打滑率及驱动轮半径的在线计算。在此基础上，取适当状态变量，建立了深海底采矿机器车左右履带打滑率和左右履带驱动轮有效半径的非线性参数估计模型，为深海底采矿机器车关键运动参数的最优无偏估计奠定了基础。

在深入研究非线性滤波算法的基础上，提出了一种改进的 SUKF 算法——FSUKF 算法：引入模糊控制算法，根据测量数据的好坏程度，对 Sigma 集调整算子进行在线调整，从而使系统理想模型和实际模型更为接近，并采用 Mackey-Glass 时间序列模型，验证了 FSUKF 算法具有更高的估计精度。

最后，采用所提出的模型和算法，进行了深海底采矿机器车关键运动参数估计仿真研究，仿真结果验证了该种方法的有效性，实现了对机器车关键运动参数的有效估计。

（3）深海底采矿机器车运动控制技术。

针对深海底采矿机器车控制系统硬件构成及作业要求，设计了深海底采矿机器车运动控制系统。该系统由运动规划单元、运动参数估计、轨迹误差计算、轨迹跟踪控制等模块构成，并分别设计了各部分的功能。

针对通常状态时间轨线规划采用等间隔点，往往不能满足精确控制要求的缺点，提出了一种模糊控制的不等分状态时间轨线规划方法。该轨线规划方法可根据机器车位置与目标点的距离和角误差，实时调整目标点的距离。

通过对履带式移动机器车轨迹误差的分析，将控制误差分为由左右履带不对称等引起的内部误差和由地面情况不均匀等引起的外部误差分别考虑，设计了基于模糊专家的交叉耦合控制器。采用交叉耦合控制器构成机器车速度控制的内环，以纠正系统内部误差；采用模糊专家控制器构成机器车位移控制的外环，纠正系统外部误差，实现了深海底采矿机器车的精确运动控制。

（4）深海底采矿模型机器车实物仿真系统开发。

深海底采矿机器车体积庞大，驱动功率高，不宜频繁进行控制系统试验。为了更好地开展运动控制算法试验研究，开发了小型深海底采矿模型机器车实物仿真系统，并开展了试验研究。仿照原系统，设计并开发了电动液压驱动系统；设计并开发了30：1同比例模型车机械系统；完成了控制系统硬件选型和开发。采用集成结构设计思想，立足于实际采矿机器车系统，开发了深海底采矿机器车控制系统软件。最后，以模型车为控制对象，开展了试验研究，取得了较好的实验结果。

虽然本书在深海底采矿机器车运动建模与控制技术的理论研究方面取得了部分成果，并开展了一些试验研究。但是，对于深海底采矿机器车这样一个工作于复杂特种极限环境、高非线性、高自主性、大功率的特种设计机器车，本书的研究是十分初步的，很多问题还有待进一步研究：

（1）本书假定深海底采矿机器车是刚性体组成，而且只作平行于地面的运动，并未考虑机构的柔性，也没有考虑机器车俯仰和侧倾运动的影响。

（2）可进一步深入开展非线性滤波方法及其于深海底采矿机器车关键参数辨识的应用。目前，非线性滤波技术蓬勃发展，国内外已经有不少研究成果。因此，可进一步开展非线性滤波方法在深海底采矿机器车参数辨识中的应用研究，并研究针对具体问题的非线性滤波优化设计与工程实现。

（3）本书未涉及深海底复杂未知环境的导航问题。实际上，机器车控制与导航往往密不可分，导航与定位精度的提高将使机器车精确运动控制具有更充分的条件。

参考文献

［1］ CRONAN D S. Handbook of marine mineral deposits. Boca Raton, FL: CRC Press, 1999.

［2］ STITAMA S, NEIL B, RAYMOND G, et al. Design & development of an autonomous submersible dredger/miner. Proceedings of the international conference on coastal and ocean technology, 2003.

［3］ DEEPAK R, SHAJAHAN M A, et al. Underwater mining in shallow waters using flexible riser concept——the first step towards deep sea mining of polymetallic nodules. Proceedings of the international conference on coastal and ocean technology, 2003.

［4］ GREBE H, NAIR S. Analysis of dynamic behaviour of flexible risers for 500m shallow seabed mining. Proceedings of the international conference on coastal and ocean technology, 2003.

［5］ WELLING C. Ocean mining systems. Mining congress journal, 1976, 62 (9).

［6］ GIGLER J K, WARD M. Simulation model for the prediction of the ground pressure distribution under tracked vehicles. Journal of terramechanics, 1993, 30 (6).

［7］ MICHAEL D, LETHERWOOD D. Ground vehicle modeling and simulation of military vehicles using high performance computing. Parallel computing, 2001, 27 (2).

［8］ CACCIA M, INDIVERY G, VERUGGIO G, et al. Modeling and identification of open frame variable configuration unmanned underwater vehicles. IEEE journal of oceanic engineering, 2000, 25 (2).

［9］ THUVESEN D. Steering of tracked vehicles on solid ground. 7th European ISTVS Conference, 1997.

［10］ BEKKER M G. Introduction to terrain-vehicle systems. Ann Arbor: University of Michigan Press, 1969.

［11］ WONG J Y. Computer aided analysis of the effects of design parameters on the performance of tracked vehicles. Journal of terramechanics, 1986, 32 (2) .

[12] WONG J Y. Theory of Ground vehicles. New York: Wiley, 1989.

[13] YAMAKAWA J, WATANABE K. A spatial motion analysis model of tracked vehicles with torsion bar type suspension. Journal of terramechanics, 2004, 2 (41) .

[14] LE AT. Modelling and Control of Traccked Vehicles. Department of mechanical and mechatronic engineering. The University of Sydney, 1999.

[15] SHILLER Z, SERATE W, HUA M. Trajectory planning of tracked vehicles. IEEE international conference on robotics and automation, 1993.

[16] AHMADI M, POLOTSKI V, HURTEAU R. Path tracking control of tracked vehickes. Proceeding of the 2000 IEEE international conference on robotics and automation, 2000.

[17] BELLINGHAM J G, et al. Keeping layered control simple. Preceeding of the symposium on autonomous underwater vehicle technology, 1990.

[18] RIEDEL J S, HEALEY A J. Model based predictive control of AUVs for station keeping in a shallow water wave environment. Proceedings of the international advanced robotics program IARP 98, 1998.

[19] GIANNI F, ROBERTO G. Modelling and simulation of an agricultural tracked vehicle. Journal of terramechanics, 1999, 36 (3) .

[20] KALMAN R E. A new approach to linear filtering and prediction problem. Journal of basic eng (ASME), 1960, 82D.

[21] SORENSON H W, FILTERING K. Theory and application. New York: IEEE Press, 1985.

[22] BUCY R S, RENNE K D. Digital synthesis of nonlinear filter. Automatica, 1971, 7 (3) .

[23] YAN L, DEXI A. Estimation of time-varying time delay and parameters of a class of jump Markov nonlinear stochastic systems. Computers and chemical engineering, 2003, 12 (27) .

[24] NIEDZWIECKI M, WASILEWSKI A. Application of adaptive filtering to dynamic weighing of vehicles. Control engineering practice, 1996, 4 (5) .

[25] PLETT, GREGORY L. Extended Kalman filtering for battery management systems of LiPB-based HEV battery packs: state and parameter estimation. Journal of power sources, 2004, 8 (134) .

[26] HARROUNI E & OUAZAR K. A quifer parameter estimation by extended

Kalman filtering and boundary elements. Engineering analysis with boundary elements, 1997, 19 (3).

[27] FRIEDLAND B. Treatment of bias in recursive filtering. IEEE transactions on automatic control, 1969, 14 (4).

[28] JAZWINSKY A H. Stochastic processes and filtering theory. New York: Academic Press, 1970.

[29] SORENSON H W. Comment on "A Practical non-diverging filter". AIAI journal, 1970 (9).

[30] FDURRANTWHYTE H, UHLMANN J, JULIER S. A new method for nonlinear transformation of means and covariances in filters and estimators. IEEE transactions on automatic control, 2000, 45 (3).

[31] JULIER S J, H F DURRANT-WHYTE. Navigation and parameter estimation of high speed road vehicles. Robotics and automation conference, 1995.

[32] FAN Z J, KORENA Y, WEAE D. Tracked mobile robot control: hybrid approach. Control engineering practice, 1995, 3 (3).

[33] K RINTANEN, H MAKELA, et al. Development of an autonomous navigation system for an outdoor vehicle. Control engineering practice, 1996, 4 (4).

[34] FAN Z J, KORENA Y, WEAE D. A simple traction control for tracked vehicles. Proceeding of the American control conference, 1995.

[35] BAHR M K, SVOBODA J & BHAT R B. Vibration analysis of constant power regulated swash plate axial piston pumps. Journal of sound and vibration, 2003, 259 (5).

[36] MANRING N D, JOHNSON R E. Modeling and designing a variable-displacement open-loop pump. Journal of dynamic systems, measurement and control, 1996 (118).

[37] MURRAY R M, SASTRY S. Steering nonholonomic systems using sinusoids. IEEE conference on decision and control, 1990.

[38] KOREN Y. Cross-coupled biaxial computer control for manufacturing systems. Journal of dynamic system, measurement and control, 1980, 11 (102).

[39] KOREN Y A, LO C C. Advanced controller for feed drives. Annals of the CIRP, 1992, 41 (2).

[40] KULLARNI P K, SRINIVASAN K. Cross-coupled control of biaxial feed drive servomechanisms. Journal of dynamic systems, measurement and control, 1990, 112 (2).

［41］吴自军，周怀阳．刍议中国国际深海资源开发中长期发展战略．国际海底开发动态，2004，9（1）.

［42］神谷夏实，宁旭安．深海底矿物资源开发的现状．国外金属矿山，1994，23（5）.

［43］朱光文．我国海洋探测技术五十年发展的回顾与展望（一）.海洋技术，1999，18（2）.

［44］朱光文．我国海洋探测技术五十年发展的回顾与展望（二）.海洋技术，1999，18（3）.

［45］朱光文．我国海洋探测技术五十年发展的回顾与展望（三）.海洋技术，2000，19（1）.

［46］宋连清．大洋多金属结核矿区沉积物土工性质．海洋学报，1999（6）.

［47］倪建宇，周怀阳，彭晓彤，等．中国多金属结核开辟区的深海环境．海洋地质与第四纪地质，2002，22（1）.

［48］简曲，王明和，高宇清，等．大洋采矿集矿技术和集矿模型机研究．有色金属，1997（3）.

［49］简曲．大洋采矿集矿机的现状与展望．矿山机械，1997（8）.

［50］黄祖永．地面车辆原理．北京：机械工业出版社，1983.

［51］梅尔霍夫，哈克巴尔特．履带车辆行驶力学．韩雪梅，等译．北京：国防工业出版社，1988.

［52］亚斯特列鲍夫．水下机器人．关佶，等译．北京：海洋出版社，1984.

［53］刘溧，扬东来，陈慧岩．遥控履带车辆数字化操纵技术的研究．农业机械学报，2002（2）.

［54］韩宝坤，李晓雷，孙逢春．基于 DADS 的履带车辆多体模型与仿真．系统仿真学报，2002（11）.

［55］史力晨，王良曦，张兵志．高速履带车辆悬挂系统动力学仿真．系统仿真学报，2004（7）.

［56］王学宁．越野环境中坦克动力学建模研究．长沙：国防科技大学，2002.

［57］贺建飚，廖迪洪，张彭，等．履带式移动机器人行动规划技术的研究．机器人，1994（6）.

［58］贺建飚，唐修俊，张彭，等．越野移动机器人自动驾驶专家系统的研究．机器人，1994（5）.

［59］刘溧，杨东来，陈慧岩．遥控履带车辆数字化操纵技术的研究．农业机械学报，2002（2）．

［60］吴绍斌，丁华荣，刘溧，等．履带车辆遥控驾驶的转向控制技术．兵工学报，2002（3）．

［61］彭晓军，史美萍，贺汉根．虚拟环境中装甲车辆运动仿真的研究．计算机仿真，2004（2）．

［62］郭齐胜，刘永红，李光辉，等．63A 水陆坦克驾驶训练模拟器仿真软件的研制．系统仿真学报，2002（8）．

［63］张铭钧，段群杰．基于神经网络的水下机器人运动预测控制方法．中国造船，2001（3）．

［64］吴旭光，徐德民．水下自主航行器动力学模型——建模和参数估计．西安：西北工业大学出版社，1998.

［65］张禹，刘开周，邢志伟，等．自治水下机器人实时仿真系统开发研究．计算机仿真，2004（4）．

［66］孟伟，张国印，韩学东．一种新型的系统建模方法．哈尔滨工程大学学报，2000（5）．

［67］潘瑛，徐德民．自主式水下航行器空间运动矢量建模与仿真．系统仿真学报，2003（4）．

［68］邓自立．最优滤波理论及其应用．哈尔滨：哈尔滨工业大学出版社，2000.

［69］秦永元．卡尔曼滤波与组合导航原理．西安：西北工业大学出版社，1998.

［70］高钟毓．工程系统中的随机过程．北京：清华大学出版社，1989.

［71］史忠科．最优估计的计算方法．北京：科学出版社，2001.

［72］张金槐．自适应衰减记忆滤波中时变衰减因子的最佳选择．飞行器测控学报，1994，13（1）．

［73］史忠科．神经网络控制理论．西安：西北工业大学出版社，1997.

［74］吴美平．陆用激光陀螺捷联惯导系统误差补偿技术研究．长沙：国防科技大学，2000.

［75］倪建宇，周怀阳，彭晓彤，等．中国多金属结核开辟区的深海环境．海洋地质与第四纪地质，2002，22（1）．

［76］李力．自行式海底作业车的研制研究报告．中国大洋矿产资源研究开发协会，2001.

［77］李洪人．液压控制系统．北京：国防工业出版社，1981.

［78］马保离，宗光华，霍伟．非完整链式系统的路径规划——多项式拟合法．自动化学报，1999，25（5）．

［79］曹洋．非完整足球机器人运动控制策略的研究与实现．沈阳：东北大学．2004．

［80］易小刚，焦生杰，刘正富，等．全液压推土机关键技术参数研究．中国公路学报，2004，17（2）．

［81］张京开，拖拉机田间滑转率测定的理论探讨．农业质量与监督，1996（1）．

［82］戴学民．履带推土机整体性能试验中的几个问题．工程机械，1997（8）．

［83］贾建章，邵明亮，董立军，等．车轮瞬时滑转率的测量和提高处理精度的方法．汽车研究与开发，1998（5）．